인공지능 도시

인공지능 도시

© 엄기복, 2024

초판 1쇄 발행 2024년 9월 25일

지은이   엄기복
펴낸이   이기봉
편집   좋은땅 편집팀
펴낸곳   도서출판 좋은땅
주소   서울특별시 마포구 양화로12길 26 지월드빌딩 (서교동 395-7)
전화   02)374-8616~7
팩스   02)374-8614
이메일   gworldbook@naver.com
홈페이지 www.g-world.co.kr

ISBN   979-11-388-3443-8 (03560)

스마트시티 이후의 도시

인공지능 도시

엄기복 지음

좋은땅

차례

──────── 제1장 ────────
인공지능 도시

──────── 제2장 ────────
인공지능 도시 인프라

제 1 장

인공지능 도시

1.

도시변화

"The point of cities is multiplicity of choice."

- Jane Jacobs -

도시는 수세기를 걸쳐서 변화를 거듭하고 있으며, 대부분의 국가의 공통점은 메가시티로 변화하고 있다는 것이다. 이러한 현상은 아날로그 시티에서 디지털시티를 거치고 스마트시티를 눈앞에 두고 있는 대도시에 나타나는 현상이다.

세계 인구의 55%가 도시에 살고 있으며, UN은 도시 인구가 2050년까지 68%로 증가할 것으로 예측하고 있다.

대도시로의 인구의 집중은 교통, 전기, 상하수도, 폐기물처리, 안전 등 다양한 문제를 수반한다. 기존에는 이러한 문제를 하드웨어 중심으로 해결하기 위하여 도로를 확장하고, 교통시스템을 다양화(BRT, 지하화)하고, 건축물의 용적율을 제한하는 등 방법을 사용하였다.

하지만, 이러한 도시관리 방안은 최선의 대안이 되고 있지 않다는 것을 인식하고. 도시의 문제 해결을 위해 다양한 방안을 제시하고 있는데 대표적인 예가 성장관리 계획 수립 및 스마트시티로 해결 중이다. 성장관리 계획수립의 목적은 쾌적한 주거환경 조성과 무질서한 개발이 예상되며 난개발 방지가 필요한 지역(비시가화 지역 무질서한 개발이 우려되는 지역)에 대하여 성장관리계획

인공지능 도시

수립을 통해 체계적·계획적인 개발유도 및 효율적인 관리방안 마련에 있다.

이를 위해 스마트시티 관련 법을 제정했으며, 많은 국가에서도 도시개발 마스터플랜에 스마트시티 기술을 포함하고 있다.

스마트시티 정의[1]는 다음과 같다.

"스마트도시"란 도시의 경쟁력과 삶의 질 향상을 위하여 스마트도시기술을 활용하여 건설된 스마트도시기반시설 등을 통하여 언제 어디서나 스마트도시서비스를 제공하는 도시를 말한다. 이러한 정의는 기관마다 다르지만 지향하는 내용은 비슷하다.

표 1-1 스마트시티 정의

구분	내용
ISO	도시와 관련된 사람들(거주자, 기업, 방문객)에게 서비스와 삶의 질을 변화시키기 위해, 도시의 지속 가능성과 탄력성을 향상시키는 속도를 극적으로 향상시키고, 도시가 시민사회에 어떻게 영향을 주는지, 협력적 리더십 수단들에 어떻게 적용되는지, 도시 운영 구성 요소들과 도시 시스템에서 어떻게 작동하는지, 데이터와 통합기술을 어떻게 사용하는지를 근본적으로 개선시키는 도시
ITU-T	정보통신기술(ICT) 및 기타 수단을 사용하여 삶의 질, 도시 운영 및 서비스의 효율성 및 경쟁력을 향상시키는 혁신적인 도시
EU	디지털 기술을 활용하여 시민을 위해 더 나은 공공서비스를 제공, 자원을 효율적으로 사용, 환경에 미치는 영향을 최소화하여 시민의 삶의 질 개선 및 도시 지속 가능성을 높이는 도시

스마트시티 관련 국제적인 관심 고조로 표준화 및 신도시 및 재생도시를 대상으로 스마트도시 개발, 스마트시티 우수도시 선정 등 활발한 활동이 추진되고 있지만, 시민들이 도시라는 공간에서 스마트시티 서비스를 인식하기에는 부족하다.

우리가 살아가는 공간에서 발생하는 다양한 분야의 데이터(교통, 안전, 에너지, 환경 등)를 인공

1　스마트도시 조성 및 산업진흥 등에 관한 법률 제2조

지능 기술을 기반으로 정제하여 구조화, 분석·시각화, 연계 활용하는 것을 인공지능 기반 스마트 시티라고 정의하기에는 적용 범위가 매우 넓다. 따라서, 별도의 인공지능 도시를 위한 인식의 전환이 필요한 시점이다.

2.

인공지능 도시

도시는 많은 사람들이 우리가 일하고 사는 방식의 변화의 진원지에 있다. 또 도시는 복잡하고 살아있는 존재이며, 다양한 의제, 의사결정권, 영향 및 행동 영역을 가진 변화하는 이해 관계자들로 구성되어 있다.

인공지능(Artificial Intelligence, AI)이란 인간이 가지고 있는 지적 능력을 컴퓨터에서 구현하는 다양한 기술이나 소프트웨어, 컴퓨터 시스템 등을 말한다.

스마트시티가 디지털전환(DX) 중심의 도시 개발이었다면, 인공지능 도시는 데이터를 인공지능 기술(AI)을 이용하여 통찰력과 영감을 불러일으켜 지속 가능한 도시로 개발하는 것이다.

인공지능이란 용어를 처음 언급한 학자는 존 매카시이며 1956년 미국 다트머스 대학에서 열린 회의에서 "인공지능이란 기계를 인간 행동의 지식에서와 같이 행동하게 만드는 것"이라고 정의하였다.

위키백과에서는 인공지능을 인공지능 또는 AI는 인간의 학습능력, 추론능력, 지각능력, 그 외에 인공적으로 구현한 컴퓨터 프로그램 또는 이를 포함한 컴퓨터 시스템으로 정의하고 있다.

표 1-2 인공지능 도시 정의

정의	인공지능 도시(Artificial Intelligence City)는 데이터를 기반으로 다양한 분야의 도시의 정보를 수집, 저장하여 AI기반 분석을 통하여 도시의 효율적인 계획 및 운영 그리고 도시민의 삶의 질을 지속적으로 향상시키는 도시

영국의 수학자인 앨런 튜링[2]은 컴퓨터가 사람처럼 생각할 수 있다는 견해를 제시하며, 대화를 나누어 상대방이 컴퓨터인지 사람인지를 구별할 수 없다면 그 컴퓨터는 사고할 수 있는 것으로 간주해야 한다고 주장했다. 이 이론은 지금까지 인공지능 분야의 기반이 되었으며, 튜링 테스트(Turing Test)라는 이름으로 인공지능을 판별하는 기준으로 활용되고 있다.

국토연구원은 '도시 AI(Urban AI)'는 "도시와 AI 기술이 혼합(Hybridity)된 'AI 도시'를 구현하기 위한 모든 행위이며, 협의의 Urban AI는 도시에서 AI 기술 도입을 통해 도시문제 해결과 지속가능성 확보를 시도하는 행위(정책·사업·서비스)를 포괄"로 정의하고 있다.

표 1-3 국가별 AI 전략 주요 내용

구분	내용
미국	• '국가 AI 이니셔티브법(National AI Act of 2020)' 제정 • AI 국가위원회(NSCAI)에서 교통, 도시계획 선정 • 'AI R&D 전략계획 2023' 수립
영국	• 영국 디지털 문화 미디어 스포츠부가 10개년 국가 AI 전략 발표를 통해 글로벌 과학 선도국으로의 위상 강화 및 AI 기술의 잠재력 포착 지원
독일	• '인공지능전략 2020'을 통해 연구 강화, 유럽 혁신 클러스터, 산업 이전 및 중소기업 강화, 창업 활성화, 노동 시장 구조 변화, 인력양성, 데이터 사용 간소화, 법·규범 현실화, 표준 수립 등 개정

2019년 글로벌 경영컨설팅 그룹인 올리버 와이먼(Oliver Wyman)이 글로벌 도시 AI 준비 지수를 발표했다. 이 지수는 세계 105개 도시에서 도시의 크기(인구)를 기준으로 4개의 동질 집단으로 구

---

2   앨런 매시슨 튜링은 잉글랜드의 수학자, 암호학자, 논리학자, 컴퓨터 과학자이며 컴퓨터 과학의 선구적 인물이다. 알고리즘과 계산 개념을 튜링 기계라는 추상 모델을 통해 형식화함으로써 컴퓨터 과학의 발전에 지대한 공헌을 했다.

분하고 다가올 인공지능 시대에 대응하고 발전할 수 있는 능력을 평가했다.

이 지수는 도시 계획의 품질을 말하는 '비전', 계획을 실행하는 능력을 평가하는 '실행', 재능과 교육 및 인프라의 정도와 질의 기준이 되는 '자산 기반', 및 상호 작용이 전반적인 추진력에 미치는 영향인 '개발 경로' 등의 4가지 범주(vector)에서 31개 측정 기준(메트릭)에 105개 도시를 대상으로 순위를 정했다.

'글로벌 도시 AI 준비 지수'를 살펴보면 싱가포르(75.8점), 런던(75.6점), 뉴욕(72.7점), 샌프란시스코(71.9점), 파리(71.0점), 스톡홀름(70.4점), 암스테르담(68.6점), 보스턴(68.5점), 베를린(67.3점) 및 시드니(67.3점), 서울(65.1점) 순으로 나타났다.

표 1-4 글로벌 도시 AI 준비 지수

구분	질문
Overall	도시는 기술 중단과 관련된 잠재적 기회와 위험에 대해 잘 이해하고 있으며 체계적이고 통합된 계획을 가지고 있습니까?
Activation	도시와 그 이해 당사자들은 거버넌스에 필수적인 교차 이해 관계자를 포함하여 미래 지향적 계획을 수행할 수 있는 능력이 있습니까?
Vision	시에는 비전 실현을 지원할 수 있는 기존 자산이 있습니까?
Assets	도시에 대학, 전문 인력, 초등 및 고등 교육을 위한 양질의 STEM 교육, 혁신을 위한 선로 기록 및 개척 기업 유치 및 필요한 기반이 있습니까?
Development	도시가 올바른 방향으로 가고 있습니까?
Assets	최근 몇 년 동안 도시는 실행 능력을 향상시키고 미래에 성공하기 위해 필요한 자산에 더 잘 부합되도록 자산을 보유하고 있습니까?

(출처: Oliver Wyman Forum, '19.9.26)

3.

사례

정부는 연구 단계수준이지만 도시계획에 인공지능 기술을 도입하는 방안을 제시했다. 구체적인 대안으로 ('23) 국토교통부는 도시·군 기본계획을 수립 중이거나 수립할 예정인 지방자치단체를 대상으로 도시 여건진단, 인구 추정, 공간구조 설정, 생활권 구획, 토지수요 예측 등을 위하여 개발된 빅데이터 및 인공지능 기술을 적용하여 효율적인 도시계획을 수립할 수 있도록 지원 대상을 선정했다.

일반적으로 도시·군 기본계획은 5년마다 갱신을 하는데 인공지능 기술을 도시 계획에 적용하기 위해서는 방대한 데이터를 분석 및 예측할 수 있는 기술이 절대적으로 요구된다. 추정된 인구를 기반으로 공간구조를 설정하고 토지 수요 예측 등 성장관리를 한다는 것은 어느 한 도시만의 문제가 아니다. 단순한 시나리오 모델을 기반으로 데이터를 입력하고 예측된 결과를 도시계획에 반영한다는 것은 현재 대부분의 도시·군 기본계획들이 차별화 없이 비슷한 유형으로 작성되고 있는 현실과 차이가 없다. 따라서, 국토부는 '(2023) AI 도시계획 R&D' 실증사업을 통하여 다양한 빅데이터와 인공지능을 활용하여 생활권 설정, 토지이용 및 기반 시설 수요 예측 등을 수행하고, 이를 통해 최적의 도시계획 수립을 지원하는 기술을 개발한다.

표 1-5 담양군 AI 도시 계획 R&D 실증사업

구분	내용
프로젝트	담양군['빅데이터 기반 인공지능 도시계획 R&D'(이하 'AI 도시계획 R&D')] 기술 시범적용 사업 * 국토연구원과 '빅데이터 기반 인공지능 도시계획기술 개발사업 업무협약'
주요내용	담양군은 신용카드, 이동통신, 고속도로 통행량 등을 분석해 지역의 관광자원 유발 인구와 인근 도시와 연계된 체험·관광인구를 추정하고 이를 생태관광에 최적화된 기반시설 배치 등이 반영된 도시계획 수립에 활용해 지방 소멸에 대응하는 '자립형 경제도시 건설'을 실현
기대효과	인구감소, 저성장 등에 대한 국토정책에 부응하고, 빅데이터와 인공지능을 활용한 군 기본계획 수립과 플랫폼 구축을 통해 데이터 기반의 지방정부 실현

부산시는 보유하고 있는 빅데이터와 실증사업을 연계해 일상 생활권 설정, 생활권 내 기반 시설 최적화 방안, 생활권 관리와 점검(모니터링) 지표 등을 도출하여 15분 도시 부산 실현을 위한 생활권 계획수립에 활용한다.

그림 1-1 빅데이터 기반 AI 도시계획

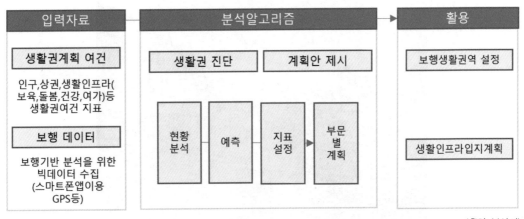

(출처: 부산시)

betterstreets.ai의 인공지능기술을 도시계획에 반영하면 건물 철거 등 도시 재생 사업으로 바뀔 미래의 모습을 사전에 가상으로 구현해 볼 수 있고, 이미지 생성 AI 기술로 도시의 거리 풍경을 재구상해 거리 설계에 관한 아이디어를 얻을 수 있다.

그림 1-2 인공지능 기술을 활용한 도시계획

(출처: better-streets-the-ai)

참고문헌

[1] 김태현, 도시공간 변화진단을 위한 인공지능과 빅데이터 활용 방안, 국토 10월호(통권 제444호), pp. 15-23, 2018

[2] 구름, 빅데이터가 혁신하는 도시계획, 도시정보 2021년 10월호(No. 475), pp. 9-13, 2021

[3] 구름·정승현, 도시계획 분야에서 빅데이터와 인공지능 기술의 활용 가능성, 대한공간정보학회, pp. 296-297, 2022

[4] 이제승, 인공지능과 도시, 대한지방행정공제회, 도시문제 51권 572호, pp. 22-25, 2016

[5] 이제승, 친환경 도시설계를 위한 인공지능 알고리즘, 도시정보 2019년 12월호(No. 453), pp. 43-46, 2019

[6] 임혜연, 빅데이터와 인공지능을 통한 스마트 토지개발, 도시정보 2021년 10월호(No. 475), pp. 17-23

[7] 황명화, 스마트 국토·도시관리를 위한 인공지능기술 도입방안 연구, 국토연구원, 2018

[8] 국토정책 brief, 국토연구원, no. 945, 2024

[9] 김소미. 주요국 인공지능(AI) 거버넌스 분석(하). IT & Future Strategy 8호. 대구: 한국지능정보사회진흥원, 2022

[10] https://www.oliverwymanforum.com/index.html

[11] https://www.busan.go.kr/index

[12] http://www.dyjachinews.co.kr/news/articleView.html

[13] https://www.nvidia.com/ko-kr/deep-learning-ai/industries/

[14] https://www.onews.tv/news/articleView.html?idxno=166299

[15] https://www.bmc.busan.kr/bmc/main.do

[16] https://www.damyang.go.kr

[17] https://copperconsultancy.com/insight/better-streets-the-ai-reimagining-our-cities/

제 2 장

인공지능 도시 인프라

1.

인공지능 공간

1.1 개요

공간정보의 사전적 정의를 찾아보면 '자연물, 인공물의 위치에 대한 정보나 이를 활용해 의사결정을 할 때 필요한 장보를 일컫는 말'이다. 공간정보는 IT 기술의 발전과 IoT 하드웨어의 발전으로 방대한 양의 정형 비정형 데이터를 결합하여 활용가치가 커지고 있다.

인공지능 도시를 건설하고자 하는 도시들은 공간 데이터의 특성상, 지역에 따라 시계열적으로 안정적이고 질 높은 데이터 구축 및 추출 알고리즘을 적용하기 위해 도로, 상하수도, 폐기물처리, 거리, 공원 등 도시시설물에 대한 디지털화하는 것을 목표로 하고 있다.

2015년 글로벌 공간정보관리(UN-GGIM) UN전문가회의에서 "데이터는 다양한 소스의 결합을 통하여 그 진정한 가치를 얻게 되고, 공간은 많은 데이터 세트가 공존하게 하는 중요한 정보 허브 역할을 하며 그렇게 연결된 데이터의 웹을 보강하는 주요 프레임워크를 제공할 수 있다"라고 발표했다.

대표적인 검토 기술로 클라우드 컴퓨팅(Cloud Computing)의 급속한 확장과 공간정보(Geospatial Science)가 결합한 지오클라우드(GeoCloud)이다. 기존에는 도시의 공간정보를 구축하기 위해 전문가가 참여하여 항공 및 위성영상을 이용하여 다양한 응용서비스를 개발하였다. 이와 같은 작업을 하기 위해서는 막대한 비용이 지출되고 우수한 인재를 상시 확보해야 한다. 하지만, 이러한 인공지능 데이터를 수집하고 분석하는 기술을 사용하면 단순한 영상정보가 시설물과 사람, 자동차, 날씨, 온도등과 결합되어 매우 유익한 공간정보를 실시간으로 만들어 낼 수 있다.

1.2 인공지능 공간 정의

공간정보 인공지능(GeoAI)은 딥러닝과 머신 러닝을 이용하여 공간정보 데이터 추출과 예측분석을 수행하여 실세계의 비즈니스 기회, 환경 영향, 운영 위험에 대한 이해 속도를 높이는 것이다. AI 공간 분석은 위치를 연결 고리로 사용하여 기후변화, 고객 행동, 리소스 할당 등 사용자가 해결책을 찾으려는 과제에 주위 환경이 어떤 영향을 주는지 이해하도록 한다. 인공지능 기반 데이터를 공간적 위치와 관련지어 살펴보면 알려지지 않은 공간 패턴, 추세, 연결을 드러낼 수 있다.

1.3 인공지능 공간 주요 기술

Wu와 Silva(2010)는 AI 기반 전자 토양도를 작성하고, AI를 활용한 작물 성장, 토양 양분과 토질을 고려한 파종, 자율주행 농업로봇 토양성질 동적 토지이용변화 모델링을 다음과 같이 제안하고 있다.

그림 2-1 토지이용변화 모델링

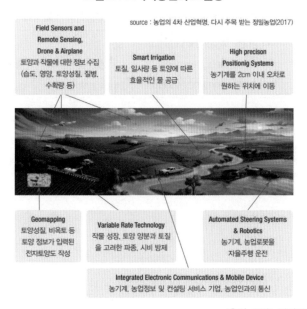

(출처: 유럽농기계위원회(CEMA), Rland Berge)

GeoAI 기반 토지이용변화 모니터링을 위해 GeoAI를 도입하여 전국 토지이용현황자료의 구축 및 갱신비용을 최소화하고, 시·공간적으로 일관성 있는 자료를 생산, 축적된 시계열 현황자료로 변화탐지 및 미래 예측을 수행한다.

표 2-1 GeoAI 기반 토지이용변화 모니터링

구분	영상분류방법	원시영상	시간적 일관성	공간적 일관성	자동화 수준	소요예산 (추정)
기존	원격탐사 영상분류 기업 및 수작업	항공정사 영상	권역별 영상촬영 시기 다름	12개 권역	낮음	120억 원/년
GeoAI	딥러닝 및 수작업 (검증)	항공정사 영상/국토관 측영상	2개 권역/ 전국 동일	2개 권역/ 전국 동일	높음 (90%)	20~40억 원/ 년

표 2-2 동적도시변화 분석을 위한 인공지능 솔루션

구분	모형	특성
Artificial Life	• Cellular Automata • Agent Based Model • Swarm Intelligence	자연계 또는 실세계의 행동 특성을 AI로 구현하여 시뮬레이션하는 방법
Intelligent Stochastic Optimization Process	• Simulated Annealing • Hill Climbing Algorithm	문제 데이터 또는 알고리즘 자체에 확률적 요소를 통합하여 최적화
Evolution Computing and Spatial DNA	• Genetic Algorithm • Artifical Neural Network • Artificial Immune System	생물학적인 메커니즘 또는 진화적 모델링
Knowledge Based Intelligent Systems	• Fuzzy Logic • Heuristics Search • Reasoning System	인간전문가의 의사결정 및 추론 프로세스를 모방하고 자동화

(출처: Wu and Silva 2010)

1.4 사례

최근 IBM은 앰비언트 인텔리전스(Ambient Intelligence)란 개념을 통하여 AI의 융복합화 기술의 현실화를 보여 주고 있다. '앰비언트 인텔리전스'란 항상 정보를 수집하고 가공하여 필요로 하는 장소와 시간에 사용할 수 있도록 한다는 것을 의미하는 패러다임으로, 대부분 가전제품에 기술이 내재되어 있는 특성이다. 하지만 이보다 중요한 특징으로는 context awareness(상황인지) 기능과 personalized(사용자 개인의 습성과 맥락을 중시) 기능, adaptive(변화하는 능력) 해야 하며, anticipatory(사용자 의도예측능력)가 있어야 한다는 점이다.

IBM의 앰비언트 인텔리전스 기술은 사용자가 언제 어디서든 AI 플랫폼에 접속해 필요로 하는 서비스를 언제나 어디서나 제공하는 방향으로 진화한다는 것을 기본 가정으로 하고 있다. 앰비언트 인텔리전스 기술은 사람들이 주변의 환경과 AI 기반의 상호작용을 통해 인간에게 안전한 환경과 풍요로운 삶을 제공할 목적으로 등장한 기술로서, 멀티 모달 인터페이스를 통해 언제, 어디서든, 어떤 환경에서든 사용자가 원하는 다양한 생활환경을 제공할 수 있다.

부산시와 울산시에 인공지능 기반(딥러닝 모형) '시내 교통 데이터 분석·예측 시스템'을 시범 적용하고 있다. 이 시스템은 도시 내 교통 흐름에서 특정 도로가 막히면 주변 여러 도로에 영향을 끼치는 점을 분석·예측 알고리즘에 반영하여 정확도(예측 이동속도 오차는 평균 4km/h 내외로 실시간 교통)를 높인다.

한국교통안전공단은 KAIST와 협업하여 인공지능 기술을 활용한 교통사고 위험도 예측 시스템인 'T-Safer(Transportation Safety Keeper)'를 국도 분야에 적용하여 시범 운영하고 있다. 'T-Safer'란 교통안전 관련 빅데이터를 기반으로 AI를 활용하여 사고 위험요인을 분석하고 솔루션을 제공하는 교통사고 예측 시스템이다. 이를 위해 도로시설정보, 기상정보, GIS 정보, 전자운행 특성 정보, GIS 정보, 교통사고 정보, 속도정보 등 관련 빅데이터 구축을 추진 중이다.

미국 샌디에이고시는 PandA(Performance and Analytics Department)에서 개발한 웹 사이트를 통해 수십 개의 데이터 레이어를 공개해 누구나 사용할 수 있게 했다. 이러한 오픈 데이터를 기반으로 기업인과 시민과 학생은 샌디에이고시에서 발생하는 범죄발생 위치, 하수관 위치, 도로 포장 상태 등에 대한 서로의 생각을 탐색할 수 있다.

그림 2-2 Performance & Analytics Department

(출처: streets.sandiego.gov)

인공지능 국토 위성 이미지 정보 추출 기술[3]과 스마트 팜을 접목하면, 국내 식량생산 정보를 실시간 파악할 수 있으며, 농축산 정보 및 기후변화에 따른 농업용수 확보 상태 및 과다한 폭우로 인한 피해 예측을 감지하며, 산림 및 농지에 대한 병충해 현상을 모니터링 할 수 있다. 결과적으로 이러한 방대한 양의 데이터를 공간적으로 분석하여 다양한 농업의 문제의 원인을 찾아낼 수 있다.

---

3   Orbital Insight, Inc.에서는 고해상도 위성영상 데이터에 컴퓨터 비전과 CNN 기반 딥러닝 모델 적용

참고문헌

[1] 구름, 도시계획분야에서 빅데이터와 인공지능 기술의 활용 가능성, 2022

[2] 김순환, 인공지능을 활용한 국공유지 사용형태 조사에 관한 연구-창원시 사례를 중심으로-, 한국측량학회 학술
대회자료집, pp. 272-276, 2020

[3] 김태현, 도시공간 변화진단을 위한 인공지능과 빅데이터 활용방안, 국토 10월호, 2018

[4] 김정선, 딥러닝을 활용한 지가적정성 검증모형: DCGAN 적용을 중심으로, 감정평가학논집, Vol. 20 No. 2, pp.
67-98, 2021

[5] 서기환, GeoAI 기반의 토지이용변화 모니터링 혁신과 활용방안, 국토정책 Brief, No. 694, 2018

[6] 이승일, 빅데이터 기반의 시공간분석 연구시리즈 II, 도시정보 2021년 4월호(No. 469), pp. 16-19, 2021

[7] 양정순, 인공지능 기반 도시공간 조명디자인 개발 방향에 대한 소고, 한국공간디자인학회 논문집 17권 8호,
pp. 341-352, 2022

[8] 조성현, 인공지능과 빅데이터 기술에 의한 부동산 개발의 변화와 의의, 국토 9월호(통권 제455호), pp. 27-31, 2019

[9] 장혜원, 새로운 도시 메타버스: 메타버스 공간 속 사회적 이슈에 대한 문헌연구, 2023

[10] Vopham, T, Hart, J.E., Laden, F., and Ch.ang. 5. 5. 2018. Emerging trends in geospatial artificial intelligence
(geoAI): potential applications for environmental epidemiology. Environmental Health, 17, no.1: 40.

[11] https://www.lx.or.kr/kor.do

[12] streets.sandiego.gov

[13] https://www.esri.com/

2.

인공지능 통신망

2.1 개요

최근 들어 SNS의 확대로 모바일 멀티미디어 데이터의 폭증, 스마트시티 서비스의 트래픽 동적 변이 심화, 클라우드 컴퓨팅 및 빅데이터 수용을 위한 대규모 데이터센터의 확산, 양자 기반 보안 기술 요구 등은 기존의 IT 기반의 방식의 네트워크 설계로는 비즈니스의 신속성과 다양한 서비스 요구 증가를 수용할 수 없다. 따라서 미래의 통신망 기술은 고도화된 AI 기능을 포함한 6세대 이동통신(6G)과 진화된 클라우드 컴퓨팅, 소프트웨어 정의 네트워크(SDN), 네트워크 기능 가상화(NFV) 등 첨단 통신 기술과 네트워크 기능의 자동화, 고객 데이터 분석, 예측 정비 분석, 자가 진단, 최적화 기능을 수행하는 인텐트 기반 네트워킹(IBN: 네트워크와 인공지능 융합)으로 빠르게 진화되어야 한다.

SDN(Software-Defined Networking, 소프트웨어 정의 네트워크)은 개방형 API(오픈플로우)를 통해 네트워크의 트래픽 전달 동작을 소프트웨어 기반 컨트롤러에서 제어/관리하는 기술이다. 즉, 라우터와 스위치를 중심으로 하드웨어기반 트레픽 제어에서 벗어나 소프트웨어 기반의 SDN 컨트롤러로 대체하는 네트워킹 기술이다. 따라서 기존의 복합한 프로세스를 프로그램을 통하여 간소화할 수 있다. 기술 표준은 ONF(Open Networking Foundation)와 IETF에서 진행했는데, ONF는 Open 'Software'처럼 'Open Networking' 지향 ONF(Open Networking Foundation)의 오픈플로우 프로토콜 표준을 2011년부터 스탠퍼드 대학을 중심으로 소프트웨어 공급社, CDN 운용社, 네트워킹장치 제조사들이 컨소시엄 구성하여 추진하였다. IETF의 SDN RG 및 I2RS WG, SPRING WG 등의 워킹그룹을 통해 표준화되었다.

IBN의 정의는 표준화 위원회 및 네트워크 제조회사마다 다르게 정의하고 있지만 공통적으로 다음과 같은 사항을 포함한다. IBN은 네트워크 관리(운영)자가 적용하고자 하는 네트워크 관리 정책이나 서비스 요구 사항 등을 자연 언어(Natural language) 형태의 상위 수준의 언어로 표현하고, 이를 NPL(Natural Language Processing) 등을 활용하여 인지하고, 의도(Intent)를 분석하고 이를 처리할 수 있는 네트워크 설정 파라미터를 도출한 뒤 네트워크에 적용시킨다. 이후 모니터링을 통해 네트워크 정보를 수집하고 인공지능을 활용하여 분석하고 분석결과를 기반으로 최적의 값을 도출하여 네트워크를 재설정하는 과정을 거치는 지능형 네트워크를 말한다.

2.2 주요 기술

2.2.1. SDN(Software-Defined Networking)

SDN(Software-Defined Networking)은 네트워크 관리를 효율적으로 할 수 있도록 하기 위한 기술로, 크게 3개의 레이어로 구성된다.

표 2-3 SDN 아키텍처

구분	내용
Infrastructure Layer	Infrastructure Layer는 네트워크를 구성하는 실제 하드웨어 장비들을 의미한다. 이 레이어는 네트워크 스위치, 라우터, 서버 등으로 구성된다. SDN에서는 이 레이어에서는 단순한 패킷 전달만을 담당하며, 제어와 관리 기능은 Control Layer에서 수행한다. 예: L2/L3 스위치, 라우터 등
Control Layer	Control Layer는 네트워크의 전반적인 동작을 제어한다. 이 레이어는 네트워크의 스위치와 라우터에 대한 정보를 수집하고, 네트워크 상태를 추적하여 어떤 동작이 수행되어야 하는지 결정한다. 이를 통해 네트워크 관리자는 네트워크 전체에 대한 중앙 집중식 컨트롤러를 사용하여 네트워크를 제어할 수 있다. 예: OpenFlow 컨트롤러(Infra 계층의 스위치와 통신할 수 있는 프로토콜로, 중앙의 컨트롤러는 OpenFlow를 이용하여 스위치의 각종 정보 획득)

Application Layer	SDN에서 Application Layer는 네트워크 관리자가 SDN을 통해 수행할 수 있는 다양한 작업을 관리한다. 이 레이어는 네트워크 관리자가 사용할 수 있는 다양한 SDN 어플리케이션을 포함하고 있으며, 이를 통해 네트워크를 제어하고, 관리하며, 보안을 강화할 수 있다. 예를 들어, 네트워크 트래픽 모니터링, 가상 머신 간 통신 제어, 보안 정책 적용 등이 이 레이어에서 수행된다.

SDN 아키텍처를 그림으로 도식화하면 다음과 같다. Infrastructure Layer, Control Layer, Application Layer 순으로 구성되어 있다.

그림 2-3 SDN 아키텍처

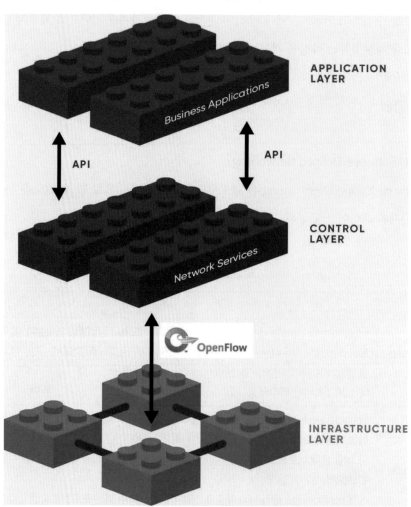

(출처: https://opennetworking.org/sdn-definition)

인공지능 도시

SDN은 3가지 영역에서 목적에 맞게 구성할 수 있다. SD-Access, SD-WAN, ACL(시스코)로 이루어져 있다. SD-Access(L2 스위치, AP 등등)는 유저망 가상화로 END-USER 네트워크의 보안/정책 관리 운영 편의성 극대화, 머신러닝/모니터링 고도화, 불필요한 작업감소로 장애율 저감 효과가 있으며, SD-WAN(회선 및 장비 가상화)은 MPLS, 4G/5G LTE 및 기타 연결 유형 전반에서 전송 독립성을 통해 비용 절감, 원격관리 포인트 감소, 유연한 서비스 제공한다. ACL(시스코)은 데이터센터 등에 적용하며 퍼블릭 클라우드 애플리케이션에 대한 사용자 경험과 효율성 최적화 및, 자동화 및 클라우드 기반 관리를 사용하여 운영을 간소화한다.

국내 SDN 대표기업은 아토리서치(https://www.atto-research.com/)이다. 아토리서치는 SDN 관련 다양한 제품군을 라인업하고 텔코사업자, 기업전용망, 공동주택, 스마트 팜, 데이터센터, 스마트시티 등 SDN의 장점을 극대화할 수 있는 시장을 중심으로 공격적인 마케팅을 전개하고 있다.

표 2-4 L3 기능의 고성능 개방형 Hybrid 하드웨어

구분	내용
스파인 스위치	ATTO-S40G-20Q4Z, ATTO-S10G-48X6Q
Poe 스위치	ATTO-S1GP-48T4X, ATTO-S1GP-24T4X
리프스위치	ATTO-S1G-48T4X, ATTO-S1G-24T4X
산업용 스위치	ATTO-S1GF-8T4X-BP, ATTO-S1GF-8T4X, ATTO-S1GF-8T8X4C

(출처: 아토리서치)

2.2.2. IBN

IBN은 신호 왜곡을 줄여 도달 거리를 연장하고 기지국 지능화·소비 전력 절감하는 기술과 사용자의 의도를 이해하고 반영해 네트워크 관리 작업을 자율적으로 처리하는 네트워크이다. IBN의 주요 특징은 네트워크에 사람의 개입 최소화 및 사용자의 의도를 해석하여 요구사항에 신속하게 대응할수 있고, 네트워크의 유지·관리에 드는 시간과 비용을 절감하고, 전통적인 네트워크 엔지니어링 대비 위협 탐지·대응 효율도 향상할 수 있다. IBN 표준화는 국제전기통신연합 통신부문(ITU-T), 국제이동통신표준화협력기구(3GPP)와 유럽전기통신표준화기구(ETSI), 국제인터넷표준화기구(IETF)를 중심으로 네트워크 자동화 규격 개발과 표준작업이 진행 중이다. 3GPP는 IBN 표준기술로 '네트워크 데이터 분석 기능(NWDAF)'을 통해 네트워크 운영 중에 발생하는 정보를 수집해 AI 모델을 만들고, 이 모델을 기반으로 네트워크를 실시간으로 제어하는 장애인지 자동 조치 기술을 제시했고, IETF에서는 'RFC 9315' 표준 문서에서 IBN 용어와 개념, 기본구조를 제시하고 있다.

글로벌 네트워크 회사인 시스코와 주니퍼네트웍스를 중심으로 효율성이 떨어지는 네트워크 관리 방식을 근본적으로 개선하기 위해 IBN(관리자·사용자의 의도를 읽고 이를 네트워크 정책에 반영하며, 통신 서비스가 의도한 대로 작동하는지를 스스로 검증하는 AI 기반 네트워크 자동화 기술)을 개발 중이다.

Cisco는 '비즈니스 크리티컬 서비스(Business Critical Services)'와 '하이밸류 서비스(High-value Services)'를 통하여 고객이 IT 장애 요인을 예측하고 사전에 위험을 예방하며 유지보수 비용을 절감시켜 주는 인공지능(AI) 기반의 새로운 예측형 서비스 제품을 제공하고 있다.

Cisco의 IBN은 Translation, Activation, Assurance라는 세 가지 기본 요소로 구성된다.

- Translation: 네트워크 운영자는 선언적이고 유연한 방식으로 의도를 표현할 수 있으며, 해당 결과를 달성하기 위해 네트워크 요소를 어떻게 구성해야 하는지가 아니라 비즈니스 목표를 가장 잘 지원하는 예상 네트워킹 동작이 무엇인지를 표현할 수 있다.
- Activation: 네트워크 전반의 자동화를 사용하여 이러한 정책을 물리적 및 가상 네트워크 인프

라에 인스턴스화한다.

- Assurance: 네트워크가 표현된 의도대로 작동하는지 지속적으로 확인하기 위해 지속적인 유효성 검사를 하고, 머신 러닝 및 인공 지능을 활용해 문제 또는 개선 기회를 식별하며, 조치를 권장한다.

Juniper는 데이터 수집과 분석, 이를 통한 네트워크 자동화, 그리고 Intent 처리까지 모두 지원하는 네트워크를 Self-Driving Network로 정의하고 있다. 또한 Juniper는 인텐트 기반 네트워킹을 추가함으로써 AI 기반 자동화가 차세대 데이터센터를 운영하는 데 도움이 되므로 데이터센터 고객에게 서비스 배포 및 운영 관리를 위한 또 다른 자동화 도구를 제공할 수 있다. Juniper는 IT 운영자가 인적 오류의 위험이 있는 네트워크 구성 및 문제 해결과 같은 작업을 수행하지 않아도 되도록 하는 것이다. 삼성전자는 AI를 통해 기지국의 전력 소모를 줄이는 기술, 통신 단말기 속의 전력증폭기의 비선형성으로 인해 왜곡된 신호를 기지국이 스스로 보상해 성능을 높이는 수신기 기술 등을 개발하였고, 다음 표와 같인 6G 핵심 후보기술로 '6G 백서', '6G 주파수 백서'를 발간하였다.

표 2-5 삼성전자 6G 핵심 후보기술

구분	모형
테라헤르츠 밴드 통신	6G 후보 주파수 중 하나
재구성 가능한 지능형 표면	신호를 원하는 방향으로 투과 반사해 초고주파 신호의 짧은 전송 범위를 보완
교차분할 이중화	단말기가 전송한 신호의 도달 거리를 연장
전이중통신	같은 주파수 대역을 사용해 동시에 데이터를 송수신
AI 기반 비선형성 보정	데이터 송신 파워를 높이면서 신호 왜곡 최소화
AI 기반 에너지 절약	단말기간 데이터 전송량에 따라 기지국 전원을 조절

(출처: 삼성전자)

국내 통신사 중 SK텔레콤은 글로벌 통신장비 회사인 에릭슨과 함께 기지국의 전파가 닿는 범위인 셀(Cell)과 인접 셀의 상호 전파 간섭효과를 파악하고, 사용자 단말기의 무선 환경 정보를 조합해 데이터 전송 속도를 높일 수 있는 AI 기반 무선망 최적화 기술을 개발하여 기지국 관리에 활용하고 있다.

2.3 사례

IBN을 적용하면 네트워크를 실시간으로 분석, 관련 정보를 제공하고 프로세스를 자동화해 위협 요소를 차단하기 때문에 위협 탐지, 차단 속도는 빨라지고 네트워크 중단율은 감소한다. 또한, 기존 수동적 네트워크 관리 체계에서와 같이 단순, 반복 업무를 처리하는 것이 아니라 부가가치가 높은 업무에 집중할 수 있어서 기업의 생산성이 크게 증가한다. 따라서 국내에서는 SK텔레콤, KT, LG 유플러스를 중심으로 AI 기반 네트워크 자동화기술에 대해서 R&D에 집중하고 있다.

그림 2-4 AI 기반 무선망 최적화

(출처: SK텔레콤)

참고문헌

[1] https://investigate.tistory.com/110?category=1000863

[2] https://www.ciokorea.com/tags/24756/IBN/35437

[3] 삼성전자 뉴스룸, 2022/05/08 https://news.samsung.com/kr/

[4] SK텔레콤, https://www.sktelecom.com/view/introduce/ai.do

[5] A. Jacobs et al., "Refining Network Intents for Self-Driving Networks," ACM SelfDN Workshop 2018

[6] 아토리서치, https://www.atto-research.com/

[7] SDN 실증테스트베드 기술서, 한국과학기술정보연구원, 2017

[8] https://www.cisco.com/c/ko_kr/index.html

3.

AIoT

3.1 개요

AIoT는 인공지능융합기술(AI Convergence Technology)을 의미하며 "Artificial Intelligence of Things"과 "AI of Things"의 줄임말이다. 기존의 IoT가 연결형에서 지능형으로 자율형으로 발전하면서 클라우드와 인공지능 기술과 결합하여 데이터기반의 의사결정을 지원하는 차원을 넘어 자율형 의사결정단계로 진행하고 있다. 또한, IoT 시장 점유율은 2027년 기준 483빌리언 달러(한화 약 645조 7710억 원)로 급성장할 전망이다.

그림 2-5 2019-2027 엔터프라이즈 IoT 시장 전망

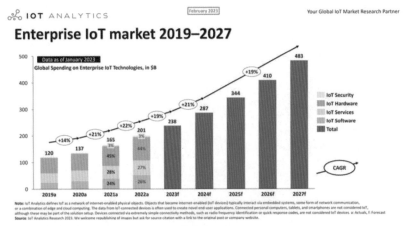

(출처: IoT Analytics, Enterprise IoT market 2019-2027, January 2023)

인공지능 도시

위키백과는 AIoT에 대해서 "AIoT는 정보기술을 기반으로 연결성과 지능성을 확장하고 융합하는 과정에서 만들어지는 융합기술이다"라고 정의했으며, 한국사물지능협회는 "어떤 문제를 해결하거나 목표를 달성하기 위해 인공지능을 개발하여 물리적 사물, 디지털사물 그리고 생물학적 존재에 탑재 또는 융합하고 활용하는 데 필요한 사물지능융합기술"로 정의하고 있다.

3.2 주요 기술

IoT는 기기 상호 간 통신을 통하여 데이터를 수집하고 가공하고 분석하여 의미 있는 정보를 제공한다. 그러나 IoT 기기들이 클라우드로 데이터를 전송하면서 대역폭의 제한의 문제로 지연과 정체가 발생하였고, IoT 기기들이 증가함에 따라 데이터를 효율적으로 가공하고 의사결정에 반영할 인사이트를 도출하는 데 더욱더 어려움이 증가하였다. 이러한 문제점을 인공지능(AI)과 머신러닝(ML)이 발전하면서 '인공지능 사물인터넷(Artificial Intelligence of Things, AIoT)'이 해결하였다.

그림 2-6 AIoT Technical architecture

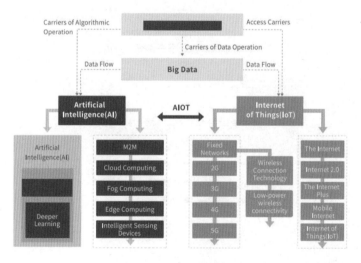

(출처: EqualQcean, Guosheng Securities Research Institute)

인공지능과 결합된 IoT 기기는 '스스로 생각하도록' 하는 기능이 추가되어 과거의 데이터를 미리 학습해 미래의 활동을 예측할 수 있다. 이것은 실시간 이벤트를 중심으로 의사결정 기능을 제공하여 데이터 전송과정에서 발생하는 네트워크 지연과 정체 없이 실시간 데이터를 해석하고 의사결정을 내릴 수 있다.

AIoT 플랫폼 대표회사인 달리웍스는 아마존 AWS상에서 IoT 클라우드 서비스를 제공하고 있다. Thingplus를 사용하는 고객은 모니터링을 위한 별도의 서버 시스템을 구축하고 운영할 필요 없이 월 서비스 이용료를 내고, 클라우드 기반의 모니터링 서비스를 사용할 수 있다.

그림 2-7 AIoT 플랫폼, Thingplus Architecture

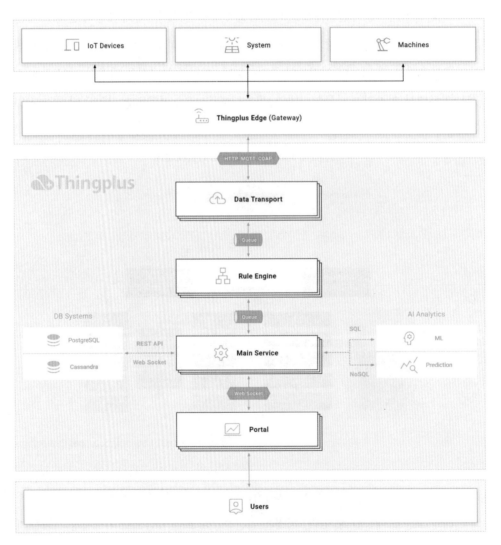

(출처: 달리웍스)

표 2-6 AIoT 장점

구분	내용
업무 효율의 향상	IoT 기기로부터 수집되는 대량의 데이터를 가공, 분석하여 의미 있는 패턴을 찾아내어 실수 최소화
위험 관리의 개선	수집된 데이터를 이용해 위험을 예측하고, 대응
다운타임 시간 최소화	장비 고장을 사전에 예측하고 사전 정비 일정 예측으로 장비의 다운타임 이슈 해결

3.3 사례

㈜비즈허브는 Juganu All-in-one 솔루션을 기반으로 도시 및 농어촌지역, 관광지에 지능형 통합 가로등 솔루션을 제안하고 있다. 이 통합시스템은 도시의 미관을 개선하고 AI와 연계하여 엣지 클라우드 기반 신속한 이벤트 처리, 그리고 운영비용 절감 효과가 매우 크다.

그림 2-8 Juganu All-in-one 솔루션

(출처: ㈜비즈허브)

참고문헌

[1] 정윤수, 블록체인 기반의 시계열 정보를 이용한 클라우드 엣지 환경의 효율적인 AIoT 정보 연계 처리 기법, 한국융합학회논문지, 제12권 제3호, pp. 9-15, 2021

[2] J. Mills, J. Hu & G. Min. (2020). Communication-Efficient Federated Learning for Wireless Edge Intelligence in IoT. IEEE Internet of Things Journal (IoTJ), 7(7), 5986-5994

[3] V. Sze, Y. Chen, T. Yang & J. S. Emer. (2017). Efficient Processing of Deep Neural Networks: A Tutorial and Survey. Proceedings of IEEE, 105(12), 2295-2329

[4] S. Teerapittayanon, B. McDanel & H. T. Kung. (2017). Distributed Deep Neural Networks Over the Cloud, the Edge and End Devices. Proceedings of International Conference on Distributed Computing Systems (ICDCS), 328-339

[5] S. Wang, T. Tuor, T. Salonidis, K. K. Leung, C. Makaya, T. He & K. Chan. (2019). Adaptive Federated Learning in Resource Constrained Edge Computing Systems. IEEE Journal of Selected Areas in Communications (JSAC), 37(6), 1205-1221

[6] https://www.cisco.com/

[7] https://www.juniper.net/kr/ko.html

[8] https://www.daliworks.net/

[9] https://www.sktenterprise.com/

[10] https://www.samsung.com/

4.

디지털 트윈

4.1 개요

디지털 트윈의 개념은 2003년에 미시간 대학교의 경영 수업에서 최초로 언급됐다. 2016년에 GE(General Electric)는 기계에서 발생하는 대규모 데이터를 분석, 수집하고 사물인터넷으로 연결해 디지털 트윈을 구현해 주는 플랫폼인 Predix를 공개하였다. 디지털 트윈 정의에 대해서 살펴보면 다음과 같다.

표 2-7 디지털 트윈 정의

구분	내용
위키백과	컴퓨터에 현실 속 사물의 쌍둥이를 만들고, 현실에서 발생할 수 있는 상황을 컴퓨터로 시뮬레이션하여 예측하는 기술
TTA	물리적인 사물과 컴퓨터에 동일하게 표현되는 가상 모델의 쌍으로서 이에 시뮬레이션을 수행함으로써 실제 자산에 대한 정확한 정보를 얻을 수 있는 기술
Weekes	장비 물리적 자산(Asset)에 대한 디지털 모델로서 센서를 통해 정보를 수집 및 분석하고, 기계학습 등 인공지능을 적용하여 해당 물리적 자산의 성능, 운영, 수익성에 대한 실시간 통찰(Insight)을 얻기 위한 기술
Graham	물리적 객체의 가상 복제물(Virtual Replica)을 만들고 센서로 연결해 실시간 데이터를 전송하며 모니터링, 진단, 예측을 수행해 시스템 운용을 최적화하고, 숨겨진 정보를 도출하기 위한 기술

ETRI	현실 세계에 존재하는 사물, 시스템, 환경 등을 S/W 시스템의 가상 공간에 동일하게 모사(virtualization)하고, 실물 객체와 시스템의 동적 운동 특성 및 결과 변화를 S/W 시스템에서 모의(simulation)할 수 있도록 하고, 모의 결과에 따른 최적 상태를 실물 시스템에 적용하고, 실물 시스템의 변화가 다시 가상 시스템으로 전달되도록 함으로써 끊임없는 순환 적응 및 최적화 체계를 구현하는 기술

이러한 이론적 정의를 기반으로 디지털 트윈의 정의를 정리하면 '현실적인 물리적 세계의 객체(자산) 및 시스템을 가상의 디지털 복제물로 구현하고 센서를 이용해 실시간 데이터를 취득하여 인공지능을 적용하여 분석 및 시뮬레이션을 수행하여 효과적인 운영과 예측을 가능하게 하는 기술'이다.

그림 2-9 2035년 미래의 디지털 트윈 사회, 자율형도시 모습

(출처: ETRI Insight)

4.2 주요 기술

디지털 트윈 플랫폼은 구현 정도에 따라 같이 3가지 레벨로 분류하며, 레벨 3 수준의 디지털 트윈 모델을 구현하기 위해서는 3D 모델링 기술, 가시화 운용 기술, 센서, 사물인터넷, 인공지능, 데이터 보안 및 암호화 기술이 필요하다.

표 2-8 수준별 디지털 트윈 플랫폼 요구사항

구분	내용
Level 1	• 현실 객체의 기본적 속성을 반영한 디지털 객체 (트윈 모델에 속성 정보를 입력을 통한 3D 시각화, 시뮬레이션 가능)
Level 2	• 실세계와 연결되어 모니터링 및 제어 가능한 수준 (IoT 플랫폼을 통해 실시간 데이터를 받고 실제 시스템과 연결)
Level 3	• 인공지능 등을 적용해 고급 분석과 시뮬레이션이 가능한 수준 (트윈모델기반 분석, 예측 및 실제 시스템을 제어하고 최적화 가능)

디지털 트윈 플랫폼 구성 요소는 다음과 같다.

표 2-9 디지털 트윈 플랫폼 구성 요소

소프트웨어	내용
수집/전달/저장/처리 SW	현실 객체 운용에서 발생·관찰되는 의미 있는 데이터
모델링 및 튜닝 SW	해당 객체에 대한 진화·변경 가능한 디지털 모델
런타임 엔진 및 연동 SW	디지털 모델들의 실행·시뮬레이션 환경
응용 SW	응용 목적에 따른 진단·분석·예측 결과 산출 응용 모듈
결정/제어 SW	진단·분석·예측 결과의 현실 반영을 위한 제어 정보
2D/3D 그래픽스 SW	3D 객체 설계 및 운용·결과 시각화를 위한 그래픽스 모듈

(출처: "디지털 트윈 기술 발전방향", KEIT 이슈 리포트, 2018)

디지털 트윈 기업

• MDS 인텔리전스

MDS 인텔리전스는 AIoT와 디지털 트윈을 통합하여 구축할 수 있는 토탈솔루션(AIoT, 3D 시각화, AI, 클라우드, 빅데이터 기술)을 제공한다.

표 2-10 MDS 인텔리전스 보유기술

소프트웨어	내용
3D 모델 자동 생성 엔진	• AI 분석을 기반으로 특장점을 추출하여 실감형 3D 객체를 자동 생성 • 작은 사물부터 큰 건물까지 2D 이미지나 동영상 입력을 통해 편리하고 스마트하게 고품질 3D 객체를 생성 • 고품질 경량화 기능으로 결과물은 적은 저장 비용으로 관리
디지털 트윈 통합 시각화 플랫폼	• 관리 대상 및 장소를 3D 모델로 구현 • 센서 및 CCTV에서 수집한 데이터의 분석값 및 정보들 시각화
빅데이터 AI 분석 엔진	• 현장에서 실시간으로 수집되는 방대한 영상과 IoT 센서 데이터 등 실시간 자동 분석 • 위급상황에서 신속한 대응이 가능한 솔루션
AR/VR/MR 콘텐츠 생성/저작엔진	• AR/VR/MR 교육 훈련 콘텐츠 제작 • 콘텐츠 내부의 구성 요소 및 텍스트를 사용자가 직접 변경 가능
AIoT 디바이스 관리 플랫폼	• 사물인터넷 기기의 데이터 수집, 제어, 펌웨어 업데이트, 모니터링을 위한 IoT 디바이스 관리 • 디지털 트윈 구축을 위한 AIoT 센서 구축 및 실시간 정보 수집

(출처: MDS 인텔리전스)

MDS 인텔리전스의 NeoIDM은 국제표준(LwM2M 기준) 기반 IoT 플랫폼으로, 다양한 센서 정보를 수집하여 데이터베이스에 저장하고, Restful API를 제공하여 디지털트윈상에서 실시간 모니터링 및 과거데이터 조회 기능을 지원하는 플랫폼이다. 인터넷 연결이 불가능한 센서는 전용 IoT 게이트웨이를 이용하거나 이미지 분석 AI 기술을 이용하여 데이터를 수집할 수 있다. Auto i3D(Auto immersive 3D)는 AI 분석을 기반으로 특징점을 추출하여 실감형 3D 객체를 자동 생성한다. 작은 사물부터 큰 건물까지 2D 이미지나 동영상 입력을 통해 편리하고 스마트하게 고품질 3D 객체를 생성할 수 있으며, 고품질 경량화 기능은 높은 퀄리티의 결과물을 적은 저장 비용으로 관리할 수 있도록 지원한다. 주요 특징으로 실사 사진 및 동영상 입력만으로 3D 객체 자동 생성, 다양한 사이즈의 실사형 3D 객체 구축, 다양한 3D 포맷(OBJ, FBX 포맷) 지원, 높은 경제성(3D 객체를 자동 생성함으로써 제작에 드는 비용 및 시간 단축)에 있다.

• 녹원정보기술

녹원정보기술은 Digital Twin과 MetaVerse 분야에 세계적인 기술을 보유한 회사이다. 특히, IoT 솔루션을 기반으로 3D 기반의 지능형 통합서비스를 강화하고, 3D Map 기반 시각화인 Digital Twain 기술을 제공한다. 이를 통해 3D 기반의 Holistic Viw를 통해서 전반적인 가시성을 향상시키고, 업무생산성과 효율성을 증가시킨다. 대표적인 기술 중 하나는 재난안전 다중융복합 센싱 및 인지증강 가시화 프로토타입이다. 이 기술은 가시·비가시 영역의 데이터를 융합 및 복합 센싱하여 표준형태로 변환 및 중개하고 이를 직관적으로 이해하기 쉽도록 가공, 분석, 재구성하여 다차원 및 초정밀 해석을 지원하는 시각화 및 프레임워크 기술을 구현했다. 주요 기술적 특성은 다음과 같다.

- 건물 속성을 정의한 XML 파일로부터 다차원/시각화 변환 툴(CS script) 개발 및 건물 내부 정밀 시각화 구현
- 내부 서버와 연동을 통하여 실시간 센서 데이터 및 과거 이력 데이터를 표출
- 확산 시뮬레이션을 통해서 건물 화재 시, 발생할 수 있는 확산 위험 내용을 예측

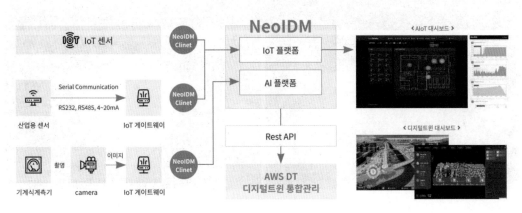

그림 2-10 Digital Twin

(출처: 녹원정보기술)

4.3 사례

현재 디지털트윈 기술은 제조 분야에서 시작하여 전 산업으로 확대되어 생산성 향상이 입증되었으며, 인공지능 기술과 융합하여 교통 및 도시 분야에까지 적용되고 있다. 특히, 도시 분야

에서는 도시화에 따른 도시 문제 해결 및 도시의 효율적 관리(교통, 주택, 에너지 등)를 위해 가상환경에 디지털 트윈 도시(3차원 도시모델과 이와 연계된 센서 및 행정정보 활용)를 구현하고, 모니터링, 예측, 사전 분석하여 도시 및 건축 시설물 관리와 재난에 대응하는 의사결정에 활용하고 있다.

그림 2-11 Digital Twin 사례 1

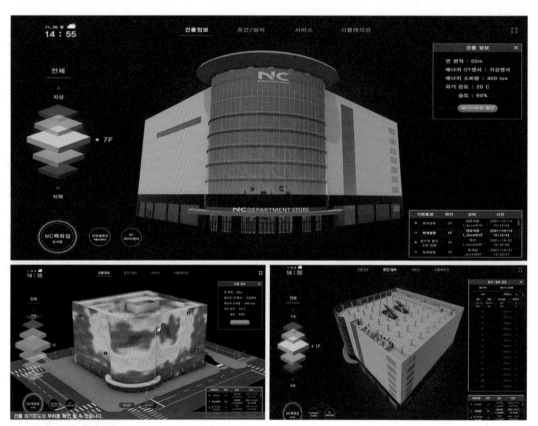

(출처: 녹원정보기술)

인공지능 도시

그림 2-12 Digital Twin 사례 2

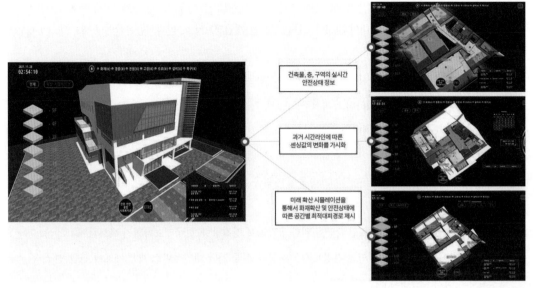

건축물, 층, 구역의 실시간
안전상태 정보

과거 시간라인에 따른
센싱값의 변화를 가시화

미래 확산 시뮬레이션을
통해서 화재확산 및 안전상태에
따른 공간별 최적대피경로 제시

(출처: 녹원정보기술)

참고문헌

[1] 김용훈(2020), 4차 산업혁명 시대의 디지털트윈을 활용한 개인정보보호, 디지털융복합연구 Vol. 18 No. 6, pp. 279-285

[2] 고태환(2022), 식물공장의 기능성분 분석을 위한 디지털 트윈 프레임워크 구현, 한국통신학회논문지

[3] 고미현(2022), 디지털 트윈과 메타버스 지식구조 탐색, 기술혁신학회지

[4] 고민섭(2023), 교통 흐름 최적 제어를 위한 실시간 교통정보를 반영하는 교차로 디지털 트윈 모델, 대한산업공학회 춘계공동학술대회 논문집

[5] 박경현(2021), 디지털 트윈 간 의미적 상호운용성 지원을 위한 통합 정보 모델 관리, 디지털콘텐츠학회, Vol. 22 No. 5, pp. 823-829

[6] 정환영(2023), 공공분야 디지털트윈 확산을 위한 공간정보 정책방향, 한국지도학회지 제23권 제1호, pp. 79-91

[7] 정진광(2023), 디지털트윈 중심의 공간정보기술을 통한 실증 기반 대민서비스 개선 체계에 관한 연구, 한국경영정보학회 정기 학술대회, pp. 926-928

[8] http://rockwonitglobal.com/

[9] https://www.mdsit.co.kr/index

[10] https://www.etri.re.kr/kor/main/main.etri

[11] https://www.keit.re.kr/

5.

UAM

5.1 개요

메가시티(Megacity, 인구 1,000만이 넘는 도시)로 인하여 도시 내 이동수단으로 새로운 개념의 교통시스템이 요구되고 있으며 기존 스마트시티에서는 승차공유(Ride sharing), PM 개념의 사업 모델이 등장했다. 하지만, 자가차량 이용객의 지속적인 증가는 도로 확장 및 주차시설 수요를 억제하는 데 한계가 있다. 다행히 배터리 기술의 발전으로 지상의 교통 혼잡을 피해서 도시 상공을 이용하는 3차원 교통수단 도심항공교통(UAM)이 부상하고 있다. UAM은 저렴한 항공운송 비용으로, 도시 상공을 이용하여 출발점에서 목적지까지 최단 거리로 이동이 가능한 온디맨드 모빌리티(on-demand mobility)로 대중에게 새로운 교통수단을 제공한다.

UAM(Urban Air Mobility)은 확산은 도시 내 토지를 다른 목적으로 활용할 수 있으며, 인구감소로 인한 지역소멸을 억제하여 지역 사회들을 유기적으로 연결하고 더욱더 가깝게 만들어 줄 것으로 기대하고 있다.

다음 그림은 현대자동차그룹이 그리는 지상과 항공을 연결하는 통합된 모빌리티 환경의 도시 모습이다.

그림 2-13 현대자동차 미래도시 모빌리티

UAM(Urban Air Mobility)은 지상과 항공을 연결하는 차세대 3차원 도심 항공 교통체계로 도시 권역 30~50km의 이동거리를 비행 목표로 하고 있는 도심항공교통은 승용차가 1시간 걸리는 거리를 단 20분 만에 도달할 수 있는 교통서비스다.

주요 특징으로 기존 헬기와 유사한 고도·경로를 비행하나, 전기동력 활용으로 탄소배출이 없고 소음도 대폭 저감(헬기 80dB 대비 체감 기준 20%인 63~65dB)되게 설계되어 있으며 '날개+로터' 혼합형태로 효율성·안전성 향상, 로터가 많아 일부 고장에도 대응 가능하다.

글로벌 컨설팅 그룹 가트너에서는 2019년부터 UAM을 떠오르는 차세대 기술로 소개했다.

그림 2-14 가트너 미래기술

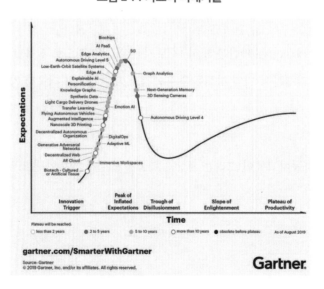

　　　　　　　　　　　　　　　　　　　　　　　　　　　　인공지능 도시

5.2 주요 기술

기술 부문에서는 고도화된 자동비행시스템, 수직이착륙 기술, 고효율 배터리와 전기모터를 적용한 저소음 기체 기술이 개발되고 있다. 이를 기반으로 UATM 기반의 도심 항공 교통체계 구축과 도심 환경에 부합하는 통신, 항법, 보안 시스템 그리고 도심항공교통 체계의 서비스 제공이 가능한 에어모빌리티 플랫폼과 도시 내 탑승자 편의시설(주차, 쇼핑 등) 연계한 승객탑승 및 환승을 위한 이·착륙장 구축(Vertihub, Vertiport)이 필요하다.

또한, 미국과 유럽 등의 인증기준에 따른 기술 개발을 위해 국가 간 상호인정 확대가 필요하기 때문에 국가적 안전기준의 기초가 되는 산업표준(예: ISO, KS규격) 및 단체표준(예: ASTM 등) 논의에도 적극 참여한다.

표 2-11 eVTOL[4] 추진형태별 분류체계

구분	Vectored Thrust (틸트로터)	Lift + Cruise (고정익·회전익 복합)	Wingless(Multirotor) (멀티로터)
형상			
형상적 특징	• 틸트 시스템 탑재 (동일 추진부) • 세 가지 비행모드 (고정익, 회전익, 천이비행) • 높은 전진비행 효율 • 낮은 제자리비행 효율	• 독립적 고정식 추진부 구성 • 세 가지 비행모드 (고정익, 회전익, 천이비행) • Vectored thrust 보다 수직이착륙이 용이 • 높은 전진비행 효율	• 회전익으로 구성 • 단일 비행모드(회전익) • 높은 제자리 비행 효율 • 상대적으로 높은 안전성 • 낮은 전진비행 효율

(출처: 국토교통부)

UAM 밸류체인으로 기술(소재·배터리·제어·항법), 인프라, 서비스 등이 있다.

---

4   eVTOL(electric Vertical Take Off & Landing): 전기 분산동력 수직이착륙기, 전기동력으로 친환경적이고 수직이착륙 가능

표 2-12 UAM 밸류체인

구분	내용	
기술	기체/부품	MRO
인프라	관제/항행안전	이착륙시설
서비스	운항서비스	연계플랫폼

(출처: 한화시스템)

국토부에서는 2020년부터 도심항공교통 산업을 주도할 핵심 기술개발 로드맵과 단계별 발전지표를 중심으로 체계적인 R&D를 추진 중이다. 주요 7대 핵심기술로는 수직이착륙, 장거리 비행, 분산전기추진, 모터구동·하이브리드, 자율비행, 센서, 소음·진동 등이다.

표 2-13 기술개발 로드맵

7대 핵심기술	① 수직이착륙		② 장거리 비행	③ 분산전기추진	
10대 핵심품목	틸팅시스템	고효율 저소음 프로펠러	고정·회전 복합날개	항공용 모터/ 인버터	분산전력 제어장치

인공지능 도시

7대 핵심기술	④ 모터구동·하이브리드		⑤ 자율비행	⑥ 센서	⑦ 소음·진동
10대 핵심품목	엔진/ 하이브리드	고출력 배터리/ 수소연료전지	비행제어 및 항법임무	충돌회피 센서	능동소음· 진동제어

(출처: 국토교통부)

표 2-14 K-UAM 단계별 발전에 따른 주요 지표

구분	초기(2025년~)	성장기(2030년~)	성숙기(2035년~)
기장 운용	On Board	Remote 도입	Autonomous 도입
교통관리체계	UAM 교통관리서비스 제공자 역할 단계적 확대, 항공교통관제사 참여 단계적 축소		
교통관리 자동화 수준	자동화 도입	자동화 주도 및 인적 감시	완전자동화 주도
회랑운영방식	고정형 회랑 (Fixed Corridor)	고정형 회랑망 (Fixed Corridor Network)	동적 회랑망 (Dynamic Corridor Network)
항공통신망	상용이동통신(4G·5G), 항공음성통신	상용이동통신(5G·6G),저궤도위성통신, C2 LINK 등	
항법시스템	정밀위성항법	정밀위성항법+ 영상기반 상대항법	복합상대항법
버티포트 입지 및 형태	수도권 중심 버티포트	수도권 및 광역권 중심 버티포트	전국 확대

(출처: 국토교통부)

5.3 사례

현대자동차그룹

현대자동차그룹은 2021년 미국에 AAM 사업 독립 법인 '슈퍼널(Supernal)'을 설립, 올해 초 UAM 사업부를 AAM 본부로 개편하고 'AAM 테크데이 2022'를 개최하는 등 AAM 개발에 가장 적극적인 모빌리티 기업으로 나서고 있다. 또한, 3기 신도시인 광명시흥지구에 미래 모빌리티 기술을 적용하기 위한 밑그림을 그리고 있다.

그림 2-15 UAM 구상도

(출처: 현대자동차그룹)

미국

연방항공청(FAA)에서 2020년에 첫 UAM 운항콘셉트(ConOps)를 발표한 이후, NASA는 UAM의 Vision Concept of Operations(ConOps)를 발표했다. 그 내용으로는 UAM의 예상 진화 단계를 여섯 단계로 분류하여 성숙도 수준을 판단할 수 있는 지표인 UML(UAM Maturity Level)이다. 스타트업들은 개발하고 있는 기체를 인증받기 위한 절차에 들어갔다.

표 2-15 eVTOL 개발(스타트업)

구분	내용
조비 에비에이션	5인승, 최대 시속 200마일, 비행거리 150마일
릴리움	5인승, 최대 시속 300km, 비행거리 300km
위스크 에어로	2인승, 최대 시속 180km, 비행거리 100km

그림 2-16 NASA의 중장기 항공교통 비전

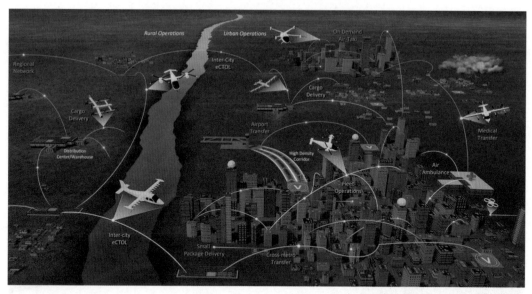

(출처: NASA)

그림 2-17 전기 항공기 기체

(출처: 조비 에비에이션)

싱가포르

그림 2-18 볼로콥터 전용 수직이착륙장 1

그림 2-19 볼로콥터 전용 수직이착륙장 2

독일

그림 2-20 전기 구동 수직 이착륙기(eVTOL) 릴리움 제트

(출처: 릴리움)

한국형도심항공교통 실증사업(K-UAM 그랜드챌린지)

그림 2-21 김포공항 UAM용 이착륙장 버티포트 조감도

(출처: K-UAM 그랜드챌린지)

국토교통부의 '미래형 환승센터(MaaS Station) 시범사업'

강릉시는 다양한 교통수단을 연계하는 '강릉역 미래형 복합환승센터' 프로젝트를 추진하고 있으며 대표적인 예로 철도역과 도심항공교통(UAM) 등 연계하는 구체적인 청사진을 발표했다.

그림 2-22 강릉역 미래형 복합환승센터 조감도

(출처: 강릉시)

인공지능 도시

참고문헌

[1] 강왕구, 새로운 시대를 위한 비행, 드론과 안티드론, 한국과학기술기획평가원 수요포럼 발표자료, 2020

[2] 국토교통부, 한국형 도심항공교통(K-UAM) 로드맵, 2020

[3] 김명현·정세현·박선욱, 항공 산업부문의 혁신성장 방안 연구, 한국교통연구원, 2019

[4] 심혜정, 도심 항공 모빌리티(UAM), 글로벌 산업 동향과 미래 과제, 한국무역협회, 2021

[5] 전용민·오경륜·이장호·정기훈, 도심 항공 모빌리티 산업 동향, 한공우주산업기술동향, 18(1), pp. 37-48, 2020

[6] 홍아름, UAM 관련 정책·산업 동향 및 이슈, ETRI, 2023

[7] 한국교통안전공단, 도심항공교통(UAM)의 구성요소

[8] UTK, "한국형 도심항공교통(K-UAM) 운용개념서 1.0," 2021.9.

[9] 항공안전기술원 홈페이지, https://www.kiast.or.kr/

[10] 조일구, "디지털 대전환 시대에 급부상하는 UAM 산업 동향과 망," ICT SPOT 11호, 정보통신기획평가원, 2022, pp. 30-31

[11] 현대자동차 브랜드 저널, https://www.hyundai.com/worldwide/ko/brand-journal/mobility-solution/hyundai-k-system-agility

[12] Deloitte, Urban Air Mobility: What All It Take to Elevate Consumer Perception, 2019

[13] NASA, Urban Air Mobility Market Study, 2018

[14] Morgan Stanley, Flying Cars: Investment Implications of Autonomous UAM, 2019

[15] https://www.hyundai.co.kr/main/mainRecommend

[16] https://www.news2day.co.kr/article/20220905500302

[17] http://kuam-gc.kr/

[18] https://www.hanwhasystems.com/kr/index.do

[19] www.dezeen.com

6.

블록체인

6.1 개요

　미국의 연준(연방준비제도)은 금융위기 해결을 위해 양적완화 정책을 시행하게 되었다. 양적완화란, 기준금리 수준이 이미 너무 낮아서 금리 인하를 통한 효과를 기대할 수 없을 때 중앙은행이 다양한 자산을 사들여 시중에 통화를 늘리는 정책. 즉, 대량의 화폐를 찍어내어 급한 불을 끄고 경제 회복을 달성하면 공급했던 과잉 유동성을 서서히 회수하여 지나친 물가 상승을 방지하는 전략이다. 하지만 이러한 연준의 양적 완화 정책으로 인해 화폐에 대한 신뢰도가 하락하게 되었다. 다수의 사람들은 자산의 가치의 가장 기본적인 잣대인 화폐에 대한 신뢰도를 잃으면서 사람들은 중앙기관의 정책이 자산에 영향을 주는 것에 불만을 가졌다.

　인공지능 도시는 보안, 신뢰, 효율을 중요시한다. 이러한 원칙을 유지하기 위해 모든 데이터 생성 사공 분석에 블록체인 기술을 적용한다. 블록체인(blockchain)에서 블록(block)이란 블록체인 특유의 제3자가 참여하지 않는 당사자 간의 거래 기록을 말한다. 블록체인(Blockchain)은 분산 컴퓨팅 기술 기반의 데이터 위변조 방지 기술로 P2P 방식을 기반으로 하여 소규모 데이터들이 사슬 형태로 무수히 연결되어 형성된 '블록'이라는 분산 데이터 저장 환경에 관리 대상 데이터를 저장함으로써 누구도 임의로 수정할 수 없고 누구나 변경의 결과를 열람할 수 있게끔 만드는 기술이다.

　즉, 블록체인은 비즈니스 네트워크에서 트랜잭션을 기록하고 자산을 추적하는 프로세스를 가능하게 하는 공유되는 불변의 원장이다. 오직 인가된 네트워크 멤버만이 접근할 수 있는 불변의 원장에 저장된, 즉각적이고 공유되며 완벽히 투명한 정보를 제공하므로, 블록체인은 정보를 전달하는데 있어 매우 이상적이다. 이러한 장점으로 인공지능 도시에서 교통, 안전, 환경, 도시시설물 정보 등은 수집단계에서부터 분석, 가공, 서비스 단계에 이르기까지 블록체인으로 보호된다.

또한, 인공지능통합센터 내 DB도 블록체인화되어서 관리되기 때문에 비인가자 또는 인가자에 의한 무단 DB 복사는 불가능하다.

표 2-16 블록체인 목적

구분	내용
보안 강화	모든 네트워크 멤버들로부터 데이터의 정확성에 대한 합의가 필요하며, 유효성이 검증된 모든 트랜잭션은 영구적으로 기록되므로 이를 변조하는 것은 불가능
신뢰 증진	회원 전용 네트워크의 구성원으로서 정확하고 시기적절한 데이터를 받을 수 있다. 또한 따로 액세스 권한을 부여한 특정 네트워크 구성원에게만 기밀 블록체인 기록 공유
효율 향상	공유되는 분산 원장을 사용하면 트랜잭션 속도를 높일 수 있도록, 스마트 계약이라고 부르는 일련의 규칙들은 블록체인에 저장되어 자동으로 실행될 수 있다.

그림 2-23 스마트 홈 블록체인 적용 예시

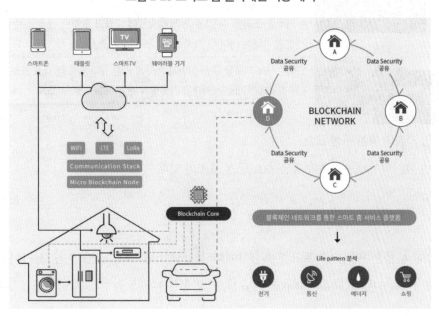

(출처: doublechain)

6.2 주요 기술

블록체인은 니즈니스 네트워크 내에서 정보를 투명하게 공유하는 고급 데이터베이스 메커니즘이다. 블록체인 데이터베이스는 연쇄적으로 연결된 블록에 데이터를 저장한다. 네트워크의 합의 없이 체인을 삭제하거나 수정할 수 없으므로 이 데이터는 시간 순서대로 일관성이 있다. 그 결과 블록체인 기술을 사용하여 주문, 결제, 계정, 기타 트랜잭션을 추적하기 위해 불변하거나 변경 불가능한 원장을 생성할 수 있다.

블록체인 기술의 특징

블록체인 기술에는 다음과 같은 주요 특징이 있다.

표 2-17 블록체인 기술 특징

구분	내용
탈중앙화	블록체인의 탈중앙화는 중앙 집중식 엔터티(개인, 조직 또는 그룹)에서 분산 네트워크로 제어 및 의사결정을 이전하는 것을 의미. 분산형 블록체인 네트워크는 투명성을 사용하여 참여자 간의 신뢰에 대한 필요성을 줄임. 또한 해당 네트워크는 참여자가 네트워크의 기능을 저하시키는 방식으로 서로에 대한 권한이나 통제를 행사하는 것을 제어
불변성	불변성은 무언가를 변경하거나 수정할 수 없음을 의미. 누군가가 공유 원장에 거래를 기록하면 참여자는 거래를 조작할 수 없음. 거래 레코드에 오류가 포함된 경우, 실수를 되돌리기 위해 새 거래를 추가해야 하며 두 거래 모두 네트워크에 표시
합의	블록체인 시스템은 거래 기록을 위한 참여자 동의에 관한 규칙을 설정. 네트워크 참여자의 과반수가 동의한 경우에만 새로운 거래를 기록할 수 있음

블록체인 기술의 핵심 구성 요소

블록체인 아키텍처에는 다음과 같은 주요 구성 요소가 있다.

표 2-18 블록체인 구성 요소

구분	내용
분산원장	분산 원장은 팀의 모든 사람이 편집할 수 있는 공유 파일 등의 거래를 저장하는 블록체인 네트워크의 공유 데이터베이스. 대부분의 공유 텍스트 편집기에서 편집 권한이 있는 모든 사용자는 전체 파일을 삭제할 수 있다. 그러나 분산 원장 기술에서는 누가 편집할 수 있고 어떻게 편집할 수 있는지에 대한 엄격한 규칙이 있다. 기록된 항목은 삭제할 수 없다.
스마트 계약	기업은 스마트 계약을 사용하여 서드 파티를 지원할 필요 없이 비즈니스 계약을 자체 관리. 스마트 계약은 미리 정해진 조건이 충족되면 자동으로 실행되는 블록체인 시스템에 저장된 프로그램. 거래에 확신을 가지고 완료할 수 있도록 if-then 검사를 실행. 예를 들어, 물류회사는 상품이 항구에 도착하면 자동으로 결제하는 스마트 계약을 할 수 있다.
퍼블릭 키 암호화	퍼블릭 키 암호화는 블록체인 네트워크 참여자를 고유하게 식별하는 보안 기능. 이 메커니즘은 네트워크 구성원에 대해 두 세트의 키를 생성. 하나는 네트워크의 모든 사람에게 공통적인 퍼블릭 키이고, 다른 하나는 모든 구성원에게 고유한 프라이빗 키임. 프라이빗 키와 퍼블릭 키가 함께 작동하여 원장의 데이터 잠금 해제

블록체인 작동

블록체인 메커니즘은 복잡하지만, 간략하게 정리하면 다음과 같다.

표 2-19 블록체인 작동 프로세스

구분	내용
1단계(거래기록)	블록체인 거래는 블록체인 네트워크의 한 쪽에서 다른 쪽으로 물리적 또는 디지털 자산의 이동을 보여준다. 이는 데이터 블록으로 기록되며 다음과 같은 세부 정보를 포함한다. (거래 참여자, 거래 이벤트, 거래발생일시, 거래발생 장소 거래발생 이유, 거래 자산량, 거래 전제조건 충족유무)
2단계(합의도출)	분산 블록체인 네트워크의 참여자 대부분이 기록된 거래가 유효하다는 데 동의해야 한다. 네트워크 유형에 따라 합의 규칙이 다를 수 있지만, 일반적으로 네트워크 시작 시 설정된다.
3단계(블록연결)	참여자가 합의에 도달하면 블록체인 거래가 원장 페이지와 동일한 블록에 기록된다. 거래와 함께 암호화, 해시도 새 블록에 추가된다. 해시는 블록을 함께 연결하는 체인 역할을 한다. 블록의 내용이 의도적 또는 비의도적으로 수정되면 해시값이 변경되어 데이터 변조를 감지하는 방식을 제공한다. 따라서 블록과 체인은 안전하게 연결되며 수정될 수 없다. 각 추가 블록은 이전 블록 및 전체 블록체인의 검증을 강화한다.
4단계(원장공유)	중앙 원장의 최신 사본을 모든 참가자에게 배포

블록체인 네트워크의 유형

표 2-20 블록체인 네트워크 유형

구분	내용
퍼블릭 블록체인 네트워크	퍼블릭 블록체인은 권한이 없으며 모든 사람이 블록체인에 참여할 수 있다. 블록체인의 모든 구성원은 블록체인을 읽고, 편집하고, 검증할 동등한 권리를 갖는다. 사람들은 주로 퍼블릭 블록체인을 사용하여 Bitcoin, Ethereum 및 Litecoin과 같은 암호화폐를 교환하고 채굴한다.
프라이빗 블록체인 네트워크	단일 조직이 관리형 블록체인이라고도 하는 프라이빗 블록체인을 제어한다. 해당 조직에서 누가 구성원이 될 수 있고 네트워크에서 어떤 권한을 가질 수 있는지 결정한다. 프라이빗 블록체인은 접근 제한이 있기 때문에 부분적으로만 분산되어 있다. 기업용 디지털 화폐 교환 네트워크인 Ripple은 프라이빗 블록체인의 한 예이다.
하이브리드 블록체인 네트워크	하이브리드 블록체인은 프라이빗 및 퍼블릭 네트워크의 요소를 결합한다. 회사는 퍼블릭 시스템과 함께 권한 기반 프라이빗 시스템을 설정할 수 있다. 이러한 방식으로 블록체인에 저장된 특정 데이터에 대한 액세스를 제어하면서 나머지 데이터는 공개적으로 유지한다. 회사에서 스마트 계약을 사용함으로써 퍼블릭 회원은 프라이빗 거래가 완료되었는지 확인할 수 있다. 예를 들어, 하이브리드 블록체인은 은행 소유 통화를 프라이빗으로 유지하면서 디지털 통화에 대한 퍼블릭 액세스 권한을 부여할 수 있다.
컨소시엄 블록체인 네트워크	조직의 그룹은 컨소시엄 블록체인 네트워크를 관리한다. 사전 선택된 조직은 블록체인을 유지 관리하고 데이터 액세스 권한을 결정하는 책임을 공유한다. 많은 조직이 공통의 목표를 갖고 공동 책임의 혜택을 받는 산업은 종종 컨소시엄 블록체인 네트워크를 선호한다. 예를 들어, 글로벌 해운 비즈니스 네트워크 컨소시엄은 해운 산업을 디지털화하고 해양 산업 운영자 간의 협업을 증대하는 것을 목표로 하는 비영리 블록체인 컨소시엄이다.

블록체인 프로토콜

애플리케이션 개발에 사용할 수 있는 다양한 유형의 블록체인 플랫폼을 나타내며, 각 블록체인 프로토콜은 기본 블록체인 원칙을 특정 산업 또는 애플리케이션에 맞게 조정한다.

표 2-21 블록체인 프로토콜

구분	내용
Hyperledger fabric	Hyperledger Fabric은 일련의 도구 및 라이브러리가 포함된 오픈 소스 프로젝트이다. 기업은 이를 사용하여 프라이빗 블록체인 애플리케이션을 빠르고 효과적으로 구축할 수 있다. 고유한 자격 증명 관리 및 액세스 제어 기능을 제공하는 모듈식 범용 프레임워크이다. 이러한 기능으로 인해 공급망 추적, 무역 금융, 로열티 및 보상, 금융 자산 청산과 같은 다양한 애플리케이션에 적합하다.

Ethereum	Ethereum은 퍼블릭 블록체인 애플리케이션을 구축하는 데 사용할 수 있는 분산형 오픈 소스 블록체인 플랫폼이다. Ethereum Enterprise는 비즈니스 사용 사례를 위해 설계되었다.
Corda	Corda는 비즈니스용으로 설계된 오픈 소스 블록체인 프로젝트이다. Corda를 사용하면 엄격한 프라이버시로 거래하는 상호 운용 가능한 블록체인 네트워크를 구축할 수 있다. 기업은 Corda의 스마트 계약 기술을 사용하여 가치 있는 직접 거래를 할 수 있습니다. 사용자의 대부분은 금융 기관이다.
Quorum	Quorum은 Ethereum에서 파생된 오픈 소스 블록체인 프로토콜이다. 단일 구성원만 모든 노드를 소유하는 프라이빗 블록체인 네트워크 또는 여러 구성원이 네트워크의 일부를 각각 소유하는 컨소시엄 블록체인 네트워크에서 사용하도록 특별히 설계되었다.

블록체인 플랫폼

그림 2-24 블록체인 플랫폼

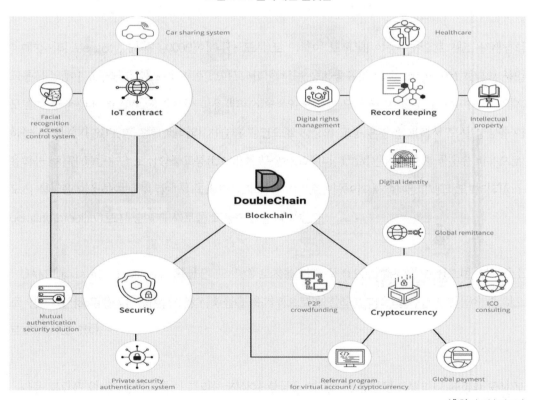

(출처: doublechain)

6.3 사례

한국건설기술연구원

한국건설기술연구원에서는 2차 연도에 걸쳐서 블록체인 데이터기반 도시관리서비스 통합운영 서비스 모델을 개발하고 있다. 이 기술이 완성되면 기존 스마트시티에서 발생하는 데이터들에 대해서 무결성과 안전성이 보다 강화되어 관계기관과의 융복합 연계가 원활해지기 때문에 인공지능 도시관리에 보다 빠르게 진입할 기반이 될 것이다.

그림 2-25 도시관리서비스 통합운영서비스 모델

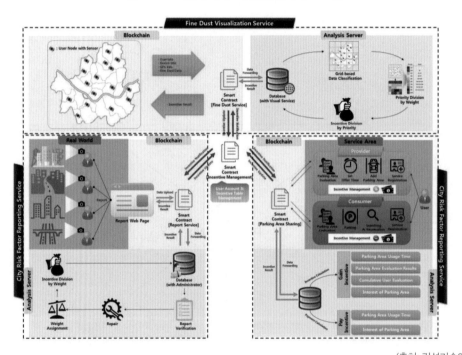

(출처: 건설기술연구원)

인공지능 도시

참고문헌

[1] 최상일, 블록체인 기반 도시 데이터수집 및 분석 모델 개발, 한국건설기술연구원, 2019

[2] 윤석빈, AI와 블록체인 융합 사례와 적용방안, 오픈블록체인 DID협회, 2020

[3] 배금일, 웹3.0시대 블록체인 기술이 마이데이터와 인공지능 생태계에 미친 영향과 시사점, 한국연구재단, 2022

[4] 딜로이트, 탈중앙화 아키텍처와 생태계, 진정한 신뢰의 기반, 2023

[5] 유형동, 인공지능 기업들 블록체인 합종연횡, AI 타임즈, 2022

[6] 박근태, AI와 사이버보안, 2023

[7] 양희태, 인공지능과 블록체인 융합 동향 및 정책 개선방안, 2020, Vol. 27, No. 2, 통권 103호, pp. 3-19, 2020

[8] 이중엽, 공공서비스 분야 블록체인 기술 활용 확산 방안, SPRI, 2019

[9] 김인경, AI 사이버보안 체계를 위한 블록체인 기반의 Data-Preserving

[10] AI 학습환경 모델, 한국정보기술학회논문지, Vol. 17, No. 12, pp. 125-134, 2019

[11] https://www.aimmo.ai/ko/solutions

[12] https://crypto.com/university/ko/blockchain-and-ai

[13] 블록체인용 인공지능 시장, 연구개발특구진흥재단, 2021

[14] 이종수, 블록체인 인공지능 융합행정, 2022

[15] 김성규, 블록체인과 인공지능, 2022

[16] 돈 탭스코트, 블록체인 혁명, 2017

[17] 김영기, 4차 산업혁명 시대 AI 블록체인과 브레인경영, 2021

[18] https://doublechain.co.kr/

[19] https://www.kict.re.kr/

7.

인공지능 데이터허브

7.1 개요

인공지능 도시를 건설하기 위해서 가장 필수적인 인프라가 인공지능 데이터허브이다. 인공지능 데이터허브는 대규모 연산을 수행하기 위한 고성능 컴퓨팅 서비스(HPC: High Performance Computing)[5]를 제공한다. HPC는 대규모의 복잡한 시뮬레이션 및 딥러닝 워크로드를 실행하고, 고성능 파일 시스템 및 높은 처리량의 네트워킹을 통해 인사이트를 빠르게 확보하여 아이디어부터 제품·서비스 출시까지 빠르게 수행할 수 있는 고성능 컴퓨팅 서비스를 제공한다.

7.2 주요 기술

인공지는 데이터허브 주요 기능

인공지능 데이터허브는 다음 표와 같은 기능을 통하여 인공지능 도시를 운영을 위한 인프라를 지원한다.

---

5 HPC는 Cluster를 통해 더 빠른 병렬처리를 가능하게 하여 매우 복잡한 계산을 빠르게 수행하고 시간을 절약할 수 있으며, 동일한 양의 연산처리를 하는데 더 적은 수의 Cluster를 사용하기 때문에 더 적은 비용으로 더 많은 작업을 수행할 수 있다.

표 2-22 인공지능 데이터허브 주요 기능

구분	내용
워크로드 관리	인공지능 기반 온프레미스, 클라우드, 엣지 환경 간에, 또 데이터센터 내부 및 하이브리드 클라우드 환경 내에서 실시간으로 워크로드를 가장 효율적인 인프라로 자동으로 이전
장비 관리	인공지능 기반 서버, 스토리지, 네트워킹 장비의 상태 모니터링, 장비의 고장 시기 예측
보안 관리	인공지능 기반, 정상적인 트래픽이 무엇인지 '학습'하고 이상 트래픽을 찾아내며, 문제에 대한 권고사항 제공
전력 관리	인공지능 기반, 냉난방 시스템을 최적화해 전기 비용을 절감하고 관리 인력을 줄이고 효율성 제고

인공지능 데이터센터는 인공지능 도시의 중요 인프라인 AI 교통시스템, AI CCTV등 을 구축할 때 필요한 엣지 컴퓨팅(Edge Computing)을 지원한다. 엣지 컴퓨팅은 특히 추론에 많은 컴퓨팅 자원이 필요한 AI 기술과 융합하여 효과를 발휘한다. 인공지능 데이터센터 내 AI 전용 서버는 학습, 추론을 처리할 수 있는 대용량 서버로 자율주행 자동차로부터 수집된 센서 및 이미지 데이터를 통한 학습을 수행하여 추론 모델을 생산하고 자동차에 설치된 에지 서버는 현장에서 실시간 수집된 센서 및 이미지 데이터를 추론 모델에 적용하여 실시간 주변 상황을 인지하는 데 적용된다. 이 경우 중앙의 데이터센터에 오가는 전송 비용과 시간이 절약되고 중앙의 데이터센터에서 실시간으로 판단해야 하는 부담을 없앨 수 있다.

AI 기반 CCTV 모니터링도 동일하다. 수만 대의 CCTV를 AI 알고리즘 기반 관리하며, 거점별 AI 엣지 CCTV 서버는 실시간으로 이벤트를 추적하고 빠른 상황조치를 하는 데 기여한다.

글로벌 기업 중에서 데이터센터 구축 관련 하드웨어를 제공하는 글로벌 대표회사는 미국 HPE(Hewlett Packard Enterprise) 회사가 있다. HPE는 전 세계 x86 블레이드 서버 매출 1위, 모듈형 서버 매출 1위, 미드레인지 엔터프라이즈 x86 서버 매출 1위를 차지하며, 가트너가 선정한 2018 MagicQuadrant 유무선 LAN 액세스 부문, 운영지원 시스템 부문, 하이퍼 컨버지드 인프라 부문에서 모두 리더로 선정된 기업이다.

HPE는 신경망 학습의 성능에 극도로 집중한 AI 전용모델을 개발함으로써 클라우드 데이터센터에서 AI 학습에 필요한 별도의 서버를 제공한다. 신경망 연산을 위해 한 대의 머신에 40,960개 GPU코어를 탑재하고 코어 간 고성능 데이터 전송을 위한 전용 통신 채널을 적용하여 수백 대의 CPU보다 높은 성능을 발휘한다.

GPU & NPU

인공지능 데이터허브에서 고려할 사항중 하나가 전력문제이다. 데이터센터에서 사용하는 GPU는 그래픽 처리가 주 용도이기 때문에 병렬 처리 방식을 통해 대규모 연산을 처리한다. 따라서 고전력이 필요하며 데이터센터에서 고비용을 부담해야 하는 한계가 발생한다. 이러한 문제를 NPU가 해결할 것으로 기대하고 있다.

표 2-23 인공지능 반도체 비교

구분	내용
GPU	• GPU(Graphic Processing Unit)는 주로 그래픽 처리에 특화된 반도체로, 연산 장치(ALU)의 구조가 단순하고, 다수의 코어로 이루어져 있어서 부동 소수점 연산 등 특정 단순 계산을 빠르게 할 수 있음 • 엔디비아는 쿠다를 통해 개발자들이 AI용 소프트웨어를 보다 쉽게 개발하도록 하는 일종의 플랫폼 제공
NPU	• NPU는 (Neural Processing Unit)는 GPU대비 사용 전력량 40% 절감, 10배 빠른 연산처리 * AI 반도체 AI 반도체 팹리스 업체: 퓨리오사 AI · 리벨리온 · 사피온

7.3 사례

국내의 대표적인 인공지능 데이터센터 사례는 인공지능산업융합사업단에서 세계 최고 수준의 인공지능산업융합 생태계를 조성하고 있는 광주 인공지능 데이터센터이다. 광주 인공지능 데이터센터는 20PF 규모의 고성능컴퓨팅(HPC)과 68.5PF 규모의 그래픽칩셋(GPU) 클라우드 혼용 방식으로 구축되어 있다. 전체적으로 컴퓨팅 연산 능력은 88.5페타플롭스(PF)[6], 저장 용량은 107페타바

---

6   PF는 10의 15제곱으로 1000조

이트(PB)이다. 88.5PF는 1초에 8경 8500조회 부동소수점 연산을 할 수 있다. 또한, 엔비디아가 출시한 초고성능 컴퓨팅 자원 H100을 제공하는데 H100의 연산량은 67테라플롭스(TF)[7]의 연산능력을 수행한다.

일반적으로 인공지능 데이터센터는 데이터 생산·개방·활용부터 AI 실증 서비스까지 다양한 AI 데이터 활용 환경 제공을 통한 AI생태계 활성화 및 데이터융합서비스 제공이 중요하다. 광주 인공지능 데이터센터 건축 관련 기본정보는 다음과 같다.

- 면적대지: 47,246㎡, 연면적 24,830㎡, 사업비: 958억 원
- 규모 : 2개동 - 창업, 실증(지하 1층~지상 7층), 데이터센터(지상 2층)

그림 2-26 광주 인공지능 데이터센터 1

(출처: 광주 인공지능산업융합사업단)

---

7   1TF는 1초에 1조 개의 계산을 할 수 있는 속도

그림 2-27 광주 인공지능 데이터센터 2

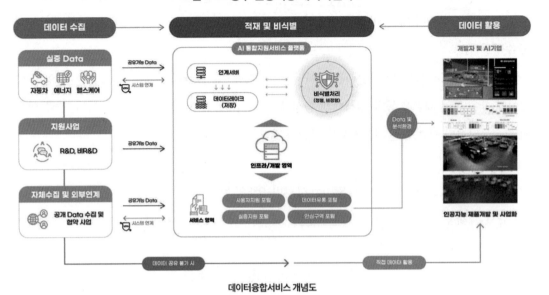

데이터융합서비스 개념도

AI HUB

AI HUB는 한국지능정보사회진흥원에서 AI 인프라(AI 데이터, AI SW API, 컴퓨팅 자원)를 지원하여 AI 기술 및 제품·서비스 개발에 적극 참여하는 AI 통합 플랫폼이다.

그림 2-28 AI HUB 제공 데이터 포탈 화면

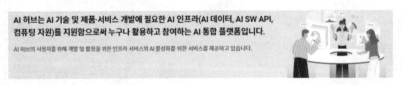

• 개발 및 활용을 위한 인프라 서비스

인공지능 도시

(출처: 한국지능정보사회진흥원)

위세아이텍

위세아이텍은 AI와 빅데이터 전문 기업으로, 인공지능(AI) 분야에 대한 적극적인 연구개발로 AI 개발 플랫폼을 개발하여 제조, 미디어, 교육, 금융, 공공, 서비스, 환경 등 다양한 분야에 적용하고 있다. 주요 기술로 AI 기술을 적용하여 대규모 데이터를 다양한 관점으로 분석해 시각화하는 도구로 WiseIntelligence™이 있으며 주요 기능은 다음과 같다.

표 2-24 WiseIntelligence™ 주요 기능

구분	내용
다차원 비정형 분석	• Roll up, Drill Down, Drill Across, Pivoting, Filtering, Grouping, Sorting, Ranking, Slicing, Dicing 등 다양한 분석
Drag & Drop	• 분석 관점과 분석 항목을 자유롭게 선택하여 조회
정형 리포팅	• 사용자들에게 익숙한 오피스 프로그램 형태의 보고서 제공
대시보드	• 다차원 분석과 동일 구조로 대시보드 생성 • 여러 개의 차트를 자유롭게 레이아웃 배치

다양한 시각화	• 시간, 분포, 관계, 비교, 공간에 대한 시각화 제공
통계 분석	• 분산, 상관, 회귀 분석 등의 통계 분석 기능 제공
관리 기능	• 보고서 및 데이터 권한, 로그 및 모니터링, 시스템 부하 제어 기능

참고문헌

[1] 우상근(2022), OECD 인공지능 시스템 분류 프레임워크 분석 및 시사점, AI REPORT 2022-1

[2] Zhou, J. & Troyanskaya, O. G. Predicting effects of noncoding variants with deep learning-based sequence model. Nat. Methods 12, 931-934(2015)

[3] https://www.aihub.or.kr/intrcn/intrcn.do?currMenu=150&top Menu=105

[4] https://www.ibm.com/kr-ko/data-lake

[5] https://www.juniper.net/assets/

[6] https://www.thenetworkdna.com/p/cisco-dna-center-resource

[7] BAQALC: Blockchain Applied Lossless Efficient Transmission of DNA Sequencing Data for Next Generation Medical Informatics by Seo-Joon Lee, 2018 mdpi(https://www.mdpi.com/2076-3417/8/9/1471)

[8] The AMBER package is available on GitHub at https://github.com/zj-zhang/AMBER; the analysis presented

[9] https://zenodo.org/record/438477747.

[10] https://www.hpe.com/kr/ko/solutions/ai-artificial-intelligence.html

[11] http://wise.co.kr/

[12] http://www.aica-gj.kr/main.php

8.

Graph DB

8.1 개요

Graph DB 이론적 배경은 스위스의 수학자 레온 하르트 오일러의 학술 논문에서 처음 기술되었다. 그는 쾨니히스베르크의 7개의 다리로 알려진 문제를 해결하기 위해(7개의 다리는 도시의 4개의 서로 다른 지역과 연결되어 있음, 도시 곳곳을 둘러보고 모든 다리를 두 번 건너지 않고 모든 다리를 건너는 것) 자신이 만든 수학 공식을 이용해 이 문제를 해결했는데, 이 과정에서 짝수 개의 다리가 없다는 것을 증명함으로써 문제를 만족하는 산책을 할 수 없다는 것을 증명했다. 이 과정에서 나온 것이 바로 그래프 이론이다.

그림 2-29 쾨니히스베르크의 모델

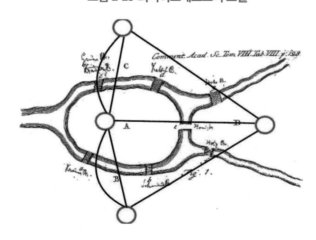

Graph DB는 빅데이터 시대에 접어들며, 정형 데이터(정해진 특정 조건에 맞게 저장된) 위주의 처리만 가능한 관계형 데이터베이스(Relational Database)를 보완하기 위해 등장한 NoSQL 계열의 데이터베이스이다.

Graph DB는 그래프 이론에 토대를 둔 일종의 NoSQL 데이터베이스다. Graph DB에서 그래프란 연결되어 있거나 서로 관련이 있는 2개 이상의 실체를 추상화하여 수학적으로 표현한 것을 의미한다. Graph는 노드, 간선, 속성으로 구성되어 있으며, 이 모든 요소를 활용하여 관계형 데이터베이스에서는 불가능한 방식으로 데이터를 표현하고 저장할 수 있다.

Graph DB의 특징을 살펴보면 그래프를 이용하여 데이터를 탐색하는 경우의 가장 큰 장점은 인덱스를 이용하지 않아도 연결된 노드를 찾는 것이 빠르다는 것이다. 노드와 노드간의 관계를 이용해 인접한 관계를 찾는 기능인데 index free adjacency라고 한다. 이처럼 관계를 이용한 정보를 탐색하는데 강력하고, 관계형 데이터베이스보다 관계를 표현하는 데 있어 더 직관적이며, 왜곡 없이 표현할 수 있다.

그림 2-30 Graph DB 표현

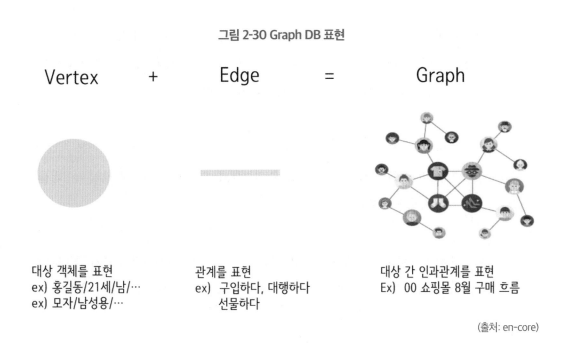

(출처: en-core)

그래프 데이터는 수학적 그래프 이론에 토대를 두고 있는데, 개별 객체의 데이터를 나타내는 점(Node 혹은 Vertex), 성질이 비슷한 객체들을 묶어주는 묶음(Group 혹은 Label), 객체들 간의 관계를 표시해 주는 관계선(Edge 혹은 Relationship)으로 이루어져 있다.

그림 2-31 Graph DB 모델링

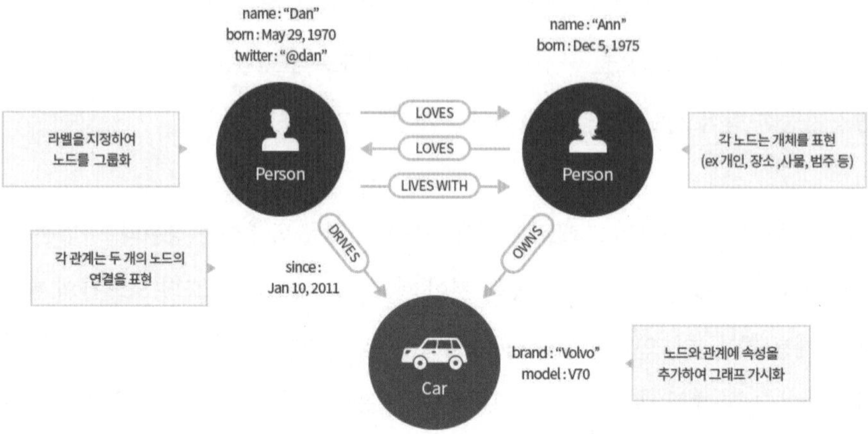

(출처: en-core)

RDBMS에서 10개 이상의 테이블을 조인하게 되면 테이블의 사이즈, 데이터양, 조인 순서들 많은 부분을 고려하여도, 성능 저하가 발생하는 것을 막을 수가 없지만, Graph DB는 이런 복잡한 연산을 처리하는 데 적합한 그래프 이론을 알고리즘으로 채택하고 있다.

다른 NoSQL과 마찬가지로 스키마가 없는 구조로 되어 있으며, 반정규화된 데이터를 처리하는 데 적합하다. 노드는 RDBMS의 테이블과 비교할 수 있는데, 노드는 테이블이 행/열의 데이터를 가지고 있는 것과 같은 속성을 가지고 있다.

Graph DB에서 관계는 항상 시작과 끝점이 있는 방향을 가지고 있는데, 자체 참조가 가능하여 시작과 끝이 동일 노드가 될 수도 있다. 관계는 명시적이며, 노드처럼 속성을 가질 수도 있다.

인공지능 도시

8.2 주요 기술

기존 관계형 데이터베이스는 별도의 테이블들에 저장된 데이터의 관계를 나타내기 위하여 조인 (JOIN) 방식을 사용하여야 한다. 새로운 속성을 가진 값(Value)을 추가하고자 할 때 관계형 데이터 베이스에서는 컬럼(Column) 추가, 외래키(Foreign Key)를 연동해야 하는 테이블 확인, 대상 테이블에 대한 컬럼 및 제약 조건(Constraint) 추가 작업 등 복잡한 단계를 거쳐야 한다. 반면 그래프 데이터베이스에서는 직접적으로 데이터 간의 관계(Relationship)를 생성하고, 이렇게 생성된 데이터 간의 관계를 횡단하며 필요한 데이터를 조회하는 방식(Traverse)을 사용한다.

이러한 작업은 전체 데이터베이스 설계에 대한 이해가 있어야 할 뿐만 아니라, 추가로 인한 모델 비정규화 문제, 데이터 정합성 문제, 테이블 내 불필요한 Null값 생성, 애플리케이션(Application) 수정 등과 같은 문제들을 일으킬 수 있다.

Graph DB 유형

Graph DB 유형에는 RDF 그래프와 속성 그래프 두 가지로 구분할 수 있다.

표 2-25 Graph DB 유형

구분	내용
RDF 그래프	RDF(Resource Description Framework, 자원 기술 프레임워크) 그래프는 명령문을 표현하도록 설계된 W3C(Worldwide Web Consortium)의 표준을 따르며, 복잡한 메타 데이터 및 마스터 데이터를 표현하는 데 최적의 도구 RDF 그래프는 연결된 데이터, 데이터 통합 및 지식 그래프에 자주 사용되며, 도메인 내에서 복잡한 개념을 나타낼 수 있을 뿐 아니라 데이터와 관련하여 풍부한 의미 체계 및 추론 제공
속성 그래프	속성 그래프는 데이터 간의 관계를 모델링하는 데 사용되며 이러한 관계를 기반으로 쿼리 및 데이터 분석 작업을 지원 속성 그래프에는 주제에 대한 자세한 정보 등을 포함하는 정점과 이러한 정점 간의 관계를 나타내는 간선이 있다. 정점과 간선은 속성(properties)이라고 하는 요소(attributes)를 가질 수 있으며, 이를 사용하여 연결될 수 있음

Graph DB 특징

시각적인 그래프를 통해 데이터를 확인함으로 직관적으로 문제에 대한 파악 및 Insight 도출이 가능하다.

그림 2-32 GDB 특징

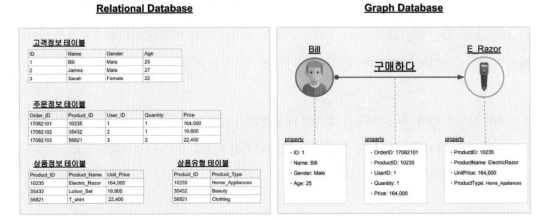

Graph DB는 데이터 조회 시 Join을 위한 테이블 스캔 연산이 없어 응답속도가 매우 빠르다.

그림 2-33 GDB 성능비교

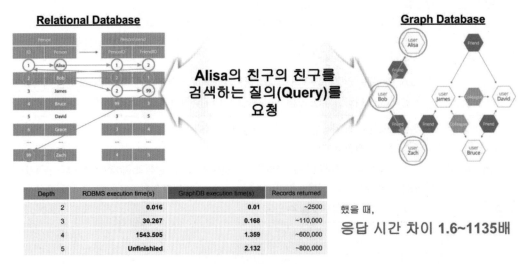

Depth	RDBMS execution time(s)	GraphDB execution time(s)	Records returned
2	0.016	0.01	~2500
3	30.267	0.168	~110,000
4	1543.505	1.359	~600,000
5	Unfinishied	2.132	~800,000

했을 때,

응답 시간 차이 1.6~1135배

인공지능 도시

그래프 데이터베이스 데이터 모형의 직관성은 현실과 유사한 모습을 제공한다.

그림 2-34 GDB 데이터 모형

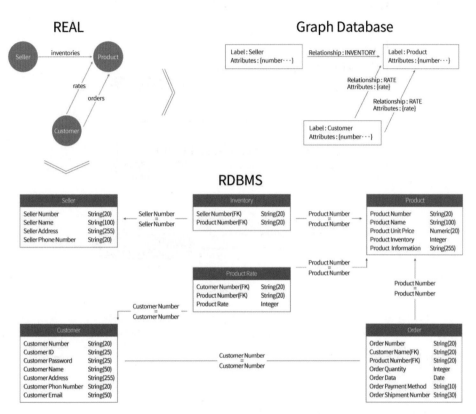

(출처: 비트나인)

다음 그림은 Neo4j의 그래프 생성 및 데이터 로드 과정을 보여 준다. Neo4j의 경우에는 (DB 생성) → 노드 생성 → 관계 생성 → 그래프 쿼리 순서로 이루어져 있다. Neo4j는 동일한 DBMS 내에서 여러 데이터베이스 관리를 지원한다.

그림 2-35 Neo4j의 그래프 생성 과정

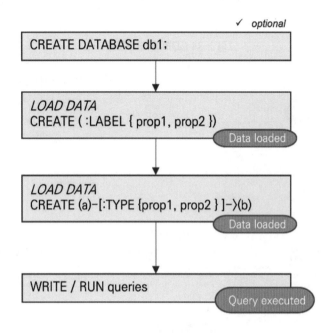

그림 2-35 Neo4j의 그래프 생성 과정

Neo4j의 그래프 생성 과정을 보면, 노드, 관계를 생성한 후, cypher를 이용하여 로드한 데이터, 연결된 형태의 그래프를 확인할 수 있다.

• **CREATE 문을 이용한 노드, 관계 생성 예시**

CREATE (a:Person {name: 'Harry', title: 'Student'}), (b:Person {name: 'Ron', title: 'sorcerer'})

(a)-[:KNOWS]->(b)

• **LOAD CSV 문을 이용한 노드 생성 예시**

LOAD CSV WITH HEADERS FROM "file:/// … " AS row

CREATE (p:Person { name: row.name,… })

Graph DB 프로세스

Graph DB는 그래프 모델링, 학습/분석, 지식그래프, 예측서비스의 프로세스를 갖추어야 한다.

인공지능 도시

예시)

그림 2-36 Graph DB 프로세스

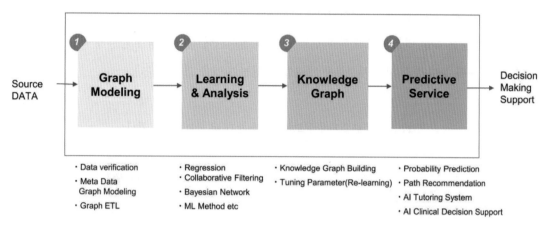

(출처: 비트나인)

Graph DB 관련 회사

표 2-26 Graph DB 회사

구분	내용
AGENS Graph	관계형 DB와 그래프 DB를 지원하는 멀티모델 DB로 개발됐으며, SQL과 사이퍼를 모두 처리할 수 있음
en·core	데이터 간의 관계성을 명시하고 데이터간의 상관관계에서 생성되는 인사이트와 가치의 비중을 찾아내는 것에 최적화 DB
neo4j	오픈 소스 그래프 데이터베이스, 가장 대중적인 그래프 데이터베이스, SQL과 유사한 그래프 질의어 cypher 지원, 자체 앱인 Bloom이나 라이브러리, 연동을 통해 시각화 지원, 속성과 레이블에 index를 추가할 수 있음
TigerGraph	SQL과 유사한 그래프 질의어 GSQL 지원, 6 hop 이상의 쿼리를 완료할 수 있음, 대규모, 대용량 처리에 최적화, 내장 IDE인 GraphStudio를 통해 시각화 지원

8.3 사례

그래프 기술로 보행흐름 예측 분석하기

사람들이 많은 찾는 명소에 축제 등 이벤트 발생 시 장시간에 걸쳐 보행 효율성을 저하시키는 구간의 군집 분산 문제 발생 시 정체부분을 해결할 수 있는 방안을 제시해 준다.

그림 2-37 도로 교차로 정보를 포함하는 GDB 구성화 활용 예시

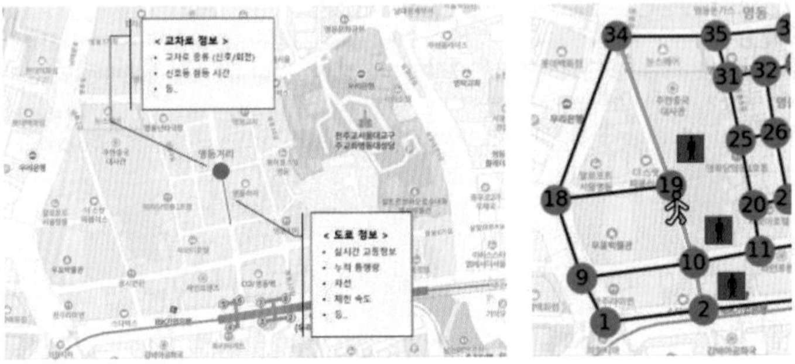

(출처: 비트나인)

참고문헌

[1] 박우창, 데이터베이스에서 관계의 추출 및 그래프 데이터베이스를 이용한 시각화 방법, 정보기술학회, Vol. 14, No. 10, 2016

[2] 백창엽, 그래프 데이터베이스를 활용한 정밀 도로지도 갱신 연구, 한국지적학회 Vol. 37, No. 1, 통권 67호, pp. 135-149, 2021

[3] 이장원, 최적의 AI데이터 활용을 위한 핵심 기술 그래프 DB, 2023

[4] 김주영, 그래프 데이터베이스 모델을 이용한 효율적인 부동산 빅데이터 관리 방안에 관한 연구, 한국지리정보학회지, 25권 4호, pp. 163-180, 2022

[5] 스마트시티의 운영 데이터 분석 및 시각화 방안 연구, lh, 2019

[6] J. Son, S. Kim, H. Kim, and S. Cho, Review and Analysis of Recommender Systems, Journal of the Korean Institute of Industrial Engineers, Vol. 41, No. 2, pp. 185-208, Apr. 2015

[7] R. V. Bruggen, Learning Neo4j, Packt Publishing 2014

[8] I. Robinson, J. Webber, and E. Eifrem, Graph Databases: New Opportunities for Connected Data, O'Reilly Media, Inc., 2015

[9] https://bitnine.net/introduction-to-graph-database_kor/

[10] ttps://www.oracle.com/kr/autonomous-database/

[11] https://www.en-core.com/consult/consult5

[12] http://www.aistudy.com/math/koenigsberg_bridge_problem.htm

[13] https://bitnine.net/

단행본

배동환·김선집 번역, Neo4j로 시작하는 그래프 데이터베이스, 에이콘출판, 2018

제 3 장

인공지능 도시 서비스

1.

인공지능 교통

1.1 개요

글로벌 도시화는 급속하게 진행되고 있으며 2050년에는 전 세계 인구의 약 66%가 도시에서 살게 될 전망이다. 특히, 선진국이 많은 유럽과 북미 지역의 도시화율은 각각 73.4%, 81.5%에 달해 인구의 도시 집중으로 인한 부작용이 심각하며 그중에서 도시의 인구 집중으로 인한 교통 혼잡, 교통사고 등의 문제가 가장 큰 이슈이다. 이러한 문제를 해결하기 위한 수단으로 스마트 교통을 적극 추진하였으나, 실시간 교통정보 빅데이터 처리 및 사전 예측을 통한 교통정체 해소, 자율주행자 정보제공, 보행자 안전 등에 대한 신속한 대응을 위해 인공지능 기술 적용이 부각되고 있다.

그림 3-1 Capgemini 5G 스마트 로드 사이드 유닛

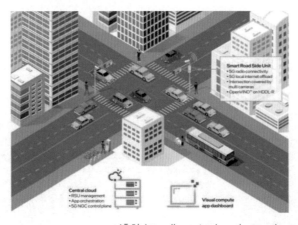

(출처: https://www.intel.com/content/www/us/en/partner/showcase/)

1.2 정의

인공지능 교통을 정의하면 인공지능 기술[8]을 통해 도로 영상이나 운전자 영상들을 분석해 돌발 및 문제 상황을 인식하여 운전자 및 보행자, 통합관제센터에 실시간으로 전달하는 자율형 교통시스템이다.

표 3-1 ITS & C-ITS 기술 비교

구분	ITS	C-ITS
정의	교통체계에 정보, 통신, 제어 등의 기술 등을 융합한 시스템	주행 중인 차량 운전자에게 사고 위험 정보를 실시간으로 제공하는 시스템
정보공유	단방향	양방향
대응	장비	차량-차량, 차량-도로, 차량-시설물, 차량-보행자 실시간으로 정보 공유
서비스	수동적	능동적
주요서비스	하이패스 등	보행자 검지, 신호제어 등

1.3 관련기술

인공지능 교통영상관리 서비스

인공지능 교통영상관리기술은 고속도로 및 시내 도로에 설치된 CCTV 영상을 분석하여, 도로 내 교통 흐름을 측정하고 차로별 평균 속도와 돌발상황 등을 감지해 해당 정보를 교통 센터나 후행 차량에 보내 준다. 이 정보를 통해 갑자기 발생한 정체 구간에서의 급제동 사고를 줄이고, 선행 차로의 소통 정보를 통해 후행 차량이 미리 차선을 변경할 수 있게 하여 교통 흐름을 원활하게 하고 사고를 사전에 예방한다. 또한, 도시 내 주요 교차로 상황을 모니터링을 통하여, 교통량에 따라 신호를 바꿔 주는 지능형 교통제어를 가능하게 한다. 이를 통해 도시 내 교통 소통이 원활하게 이루어

---

8   인공지능 기술 적용 분야는 구간별로 교통정보를 수집하기 위해 AVI(Automatic Vehicle Identification, 차량번호 인식)와 LOS(level of service, 교통혼잡수준 수치화) 기술, 유고 상황 검지(사고, 낙하, 무단횡단 등) 등이다.

지고 불필요한 대기 시간을 줄일 수 있어서 도시 전체의 교통 흐름을 개선하는 데 기여한다.

인공지능 횡단보도 서비스

인공지능 횡단보도 서비스는 인공지능이 교통 신호를 제어한다. 스피커를 통해 보행자에게 녹색 신호 시간 연장을 알리고 운전자에게는 LED 전광판을 통해 보행자가 횡단보도에 있음을 알려 준다.

이 서비스는 인공지능 영상분석 기술과 CCTV를 활용하여 딥러닝으로 학습된 지식을 기반으로 사물을 객체 단위로 판단하고 분류·분석 및 횡단보도 주변 상황 식별을 통하여 횡단보도에서 교통사고를 제로화한다.

그림 3-2 인공지능 교차로 서비스

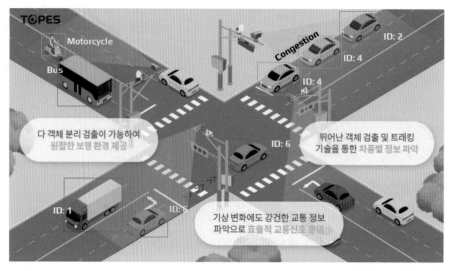

(출처: TOPES)

V2I 융합센서 기반 C-ITS 교통운영 플랫폼

핵심기술은 스마트교차로, 자율협력주행을 위한 원활한 연계를 위한 플랫폼이다.

인공지능 도시

그림 3-3 V2I 융합센서 기반 C-ITS 교통운영 플랫폼

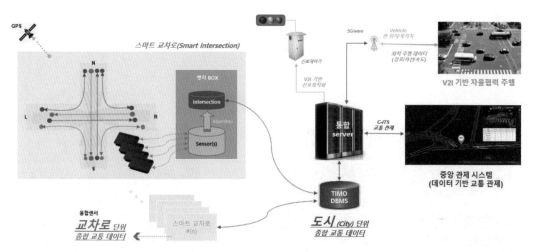

(출처: 비트센싱)

실시간 통합관제 운영시스템

도시의 Digital Twin과 인공지능 기반 신호 최적화를 위한 연계는 인공지능 교통 관련 핵심기술이다.

그림 3-4 실시간 통합관제 운영시스템

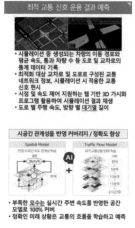

(출처: 비트센싱)

인공지능 교통량 통계 서비스

인공지능 기술로 실시간 분석 통행량 등 교통정보를 자동으로 수집하고, 교통통계 정보를 제공한다.

그림 3-5 인공지능 교통량 통계 서비스

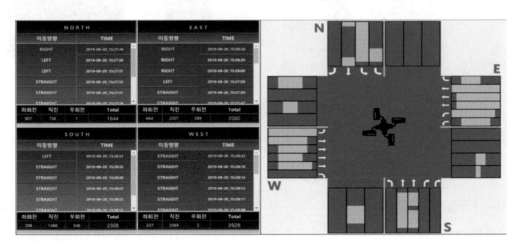

(출처: 라온피플)

인공지능 차량번호인식 서비스

기존의 다양한 교통 단속 카메라(과속, 신호위반, 불법주정차, 범죄차량 등)와 주차관리 시스템은 차량 번호판을 촬영하여 과태로나 요금을 부과하는 방식이지만, 번호판을 인식하기 어려운 상황에서는 번호판 인식에 어려움이 많았다. 그러나 차량번호인식에 인공지능 문자인식 기술을 적용하면 외부적인 환경에 영향을 받지 않고 차량 번호판을 정확하게 인식 및 도난차량, 노후차량 등 정보 수집 및 단속을 동시에 진행할 수 있다.

1.4 인공지능 교통 사례

국내 솔루션 중 KT의 영상 인공지능 교통분석 솔루션으로 RoadEyes가 있다. RoadEyes는 도로의 영상정보를 인공지능 기반으로 분석하는 영상 인공지능 교통분석 솔루션이다. 인공지능 분석을 위해 영상에서 노출되는 다양한 객체정보를 검출하고 수집한다. 이 솔루션은 영상 속 분석 대상

인공지능 도시

이 겹쳐 있어도 분리해서 식별할 수 있으며, 다양한 기상악조건과 야간에서도 높은 인식률이 특징이다. RoadEyes는 도로 위 교통안전과 관련된 돌발상황, 보행자, 차량, 불법유턴 차량 등 여러 가지 상황에 대한 서비스를 제공한다. 라온피플(주)은 인공지능 전문기업으로 인공지능 영상분석 기술과 교통분석 역량을 바탕으로 첨단 모빌리티 시스템과 인프라를 구축해 나가고 있다. 라온피플(주) 컨소시엄은 한국정보화진흥원 주관하에 인공지능 교통 학습용 데이터 구축 사업을 추진하고 고속도로, 시내도로, 운전자 영상, 자동차 영상 등 4개 분야에서 2,400시간의 다양한 원본 영상을 수집하고 202만 장의 인공지능 학습용 이미지 데이터를 구축했다('21. 2). 이와 같은 데이터는 인공지능이 Rule 기반 알고리즘을 기반으로 스스로 문제 해결 능력을 키워 나가는 데 매우 중요하다.

표 3-2 인공지능 교통 학습용 데이터 구축

구분	데이터 수집	데이터 구축량

고속도로 CCTV	• 공공 데이터
	  - 한국도로공사
	• 신규 데이터 구축
	  - 레이더 5기
	  - CCTV 5기
		• 총 500시간 영상(60초 단위)
		• 학습 데이터셋(50만 장)
		  - Detection 30만 장 + Segmentation 20만 장
		• 속도 추정 알고리즘 검증 GT 데이터(10시간)

시내도로 CCTV	• 공공데이터 출처
	  - 대전광역시
	  - 부천시
	  - 안양시
		• 총 500시간 영상(60초 단위)
		• 교차로 10개소, 미드블록 10사이트
		• 학습데이터 셋(57만 장)
		  - Detection 54만 장 + Segmentation 3만 장
		• 속도 측정용 교차로 현장마킹(40개소)

운전자 상태정보	• 실제 운전데이터 • 준통제 환경 데이터 • 통제 환경데이터	• 총 400시간 영상 • 1,000여 명(개인정보동의 득) • 학습데이터셋(총 35만 장) - Detection 30만 장 + Key point 5만 장

자동차 인식영상	• 공동데이터
	  - 한국도로공사
	  - 대전광역시, 부천시
	• 신규 데이터 구축
	  - 주유소 4개소
		• 총 500시간 영상(5분 단위) 차종 데이터(60만 장)
		  - Detection 50만 장 + OCR 10만 장
		• 차종/연식/번호판

(출처: 라온피플)

파주시는 노약자·장애인 등 교통약자들의 안전 보행을 위해 파주시가 AI 영상분석 시스템을 도입했다. CCTV 기술을 활용하여 횡단보도 내 통계 데이터를 분석하여 AI가 횡단보도 내 보행 중인 교통약자를 확인해 시간을 10초 연장(보행자 자동인식 시스템)한다.

보행자 자동인식 시스템은 횡단보행자가 횡단보도 앞 보행자 인식영역에 대기를 하면 보행자 작동 신호기의 버튼을 누르지 않아도 자동으로 보행자의 유무를 감지해 보행신호를 부여하고 보행신호의 상태를 전광판과 음성으로 제공해 안전하고 편리한 보행환경을 제공하기 위한 시스템이다.

보행속도가 느린 경우, 보행 신호 중 횡단보도에 진입한 보행자 등 보행신호 연장이 필요한 경우 AI 카메라는 보행자의 위치와 속도를 감지하여 보행신호를 적절하게 조절한다.

그림 3-6 인공지능 횡단보도 서비스

(출처: 파주시)

차량신호 통제
AI 기술이 반영된 원거리 교통상황을 반영한 교차로 차량신호 제어의 경우 AI 카메라는 자신이

　　　　　　　　　　　　　　　　　　　　　　　　　　　　　인공지능 도시

감시하는 지역의 교통상황만으로 판단하지 않는다. 원거리에 설치된 AI 카메라들은 교통상황을 종합적으로 판단하여 교통체증을 막기 위한 최적의 시간배분을 한다.

그림 3-7 차량신호 통제

(출처: 건인티엔스)

참고문헌

[1] 김성훈, 도심지역 지역단위 교통량 제어를 위한 에이전트기반 도로네트워크 시뮬레이션 개발, 한국과학기술원, 2018

[2] 김의진, 교통계획 의사결정을 위한 해석 가능한 인공지능개발, 한국도로학회지 제24권 제4호, pp. 102-105, 2022

[3] 김승준·양재환·박세현, 인공지능 활용한 교통데이터 통행목적과 이용자특성 추정, 2023

[4] 빅데이터와 인공지능을 이용한 교통제어 및 관리기술, 빅데이터와 인공지능을 이용한 교통제어 및 관리기술, pp. 995-1, 2016

[5] 이예진, 교통 시스템 분야의 빅데이터 활용 및 인공지능 동향 분석, 2021년 한국 ITS학회 추계학술대회, pp. 63-63, 2021

[6] 손기민·양충헌, 인공지능 기반 교통데이터 처리·제공을 위한 플랫폼 개발 필요성, ITS Brief, Vol. 9 No. 1, 통권 49호, pp. 8-11, 2018

[7] 이승재, 인공지능을 이용한 신호교차로 안전도 평가에 관한 연구, 전남대 석사논문, 2011

[8] 여화수, 인공지능과 빅데이터로 만드는 차세대 교통관리센터, ITS Brief, Vol. 9 No. 1, 통권 49호, pp. 12-15, 2018

[9] 정희진, 인공지능기반 스마트 교차로 기술 실용화, 한국 ITS학회 학술대회, pp. 308-313, 2022

[10] 이용주, 딥러닝으로 추정한 차량대기길이 기반의 감응신호 연구, 한국 ITS학회논문지, pp. 54-62, 2018

[11] 이후상, 실시간 교통사고 예견 인공지능 시스템, 한국차세대컴퓨팅학회 학술대회, pp. 265-268, 2023

[12] 조우진, 인공지능(AI) 기술을 활용한 부산광역시 교통사고 예방 시스템, 한국정보기술학회 2020년도 종합학술대회, pp. 514-517, 2020

[13] 정의진, 순환인공신경망(RNN)을 이용한 대도시 도심부 교통혼잡 예측, 한국 ITS학회논문지, pp. 67-78, 2017

[14] 한승헌, 딥러닝을 활용한 영상기반 교통사고 예방 안전시스템, 한국통신학회논문지 제45권 제8호, pp. 1399-1406, 2020

[15] 황주원, 확률기반 계층적 네트워크를 활용한 교차로에서의 교통사고 인식 및 분석 시스템, 한국정보과학회 학술발표논문집, 2010

[16] Alwosheel, A. S. A., Trustworthy and Explainable

[17] Artificial Neural Networks for Choice Behaviour Analysis. https://doi.org/10.4233/uuid:82fcb7b1-153c-4f6f-9d8c-bbdc46cc2d4e, 2020

[18] Wang, S., Mo, B., & Zhao, J., Deep neural networks for choice analysis: Architecture design with alternativespecific utility functions. Transportation Research Part C: Emerging Technologies, 112 (February), 234-251. 2020

[19] NVIDIA Jetson Xavier NX, https://www.nvidia.com/en-us/autonomous-machines/embedded-systems/jetson-xavier-nx/ (Accessed April 26, 2023)

[20] http://bitsensing.co.kr/news

2.

인공지능 방범

2.1 개요

 범죄예방, 재난재해 방지 등 안전을 위해 설치한 CCTV가 빠른 속도로 확산되고 있다. 이러한 CCTV 수의 증가 및 다양한 분야로 확대로 인하여 CCTV 시스템의 통합이 가능해졌고, 다수의 CCTV 카메라 영상을 한 곳에서 통합 관리하는 통합관제센터가 지자체로 구축되었다.

 하지만, 지나치게 많은 CCTV로 인하여 소수의 인력만으로 관제하기 어려워지면서 인공지능형 CCTV가 개발되었다. 인공지능 CCTV는 딥러닝과 룰엔진 기반으로 학습된 알고리즘을 통하여 CCTV 영상에서 상황발생을 모니터링하여 자동으로 분석하여 관제요원에게 알려주는 시스템으로 소수의 인원으로 다수의 카메라를 관제할 수 있다. 또한, 실시간 재난 영상정보 분석을 인공지능 방재 솔루션을 통해 가능하므로 취약지구 산사태, 홍수 및 지진 등 재해 상황을 사전에 예측하고 조치를 할 수 있다.

표 3-3 인공지능 CCTV 발전 과정

구분		내용
1세대	모션 디텍션 (Motion Detection)	CCTV 영상에서 움직이는 물체의 픽셀 변화를 감지해 탐지하는 초기기술. 그리고 대상 객체를 분석해 검출하는 것이 아니라, 단순히 CCTV 영상에서 픽셀의 움직임만을 검출

2세대	영상분석 (Video Analysis)	배경과 객체 분리, 객체 추적기술을 사용하여 배경 영역 신호변화에 강인한 성능을 가져서 오경보나 미탐지 감소 객체 분석을 통한 다양한 영상 내 이벤트 검출 가능
3세대	크라우드 소싱 (Crowd Sourcing)	분산된 이 기종 다중 기기들 간 정보를 공유하고, 이를 복합적으로 분석하여 복잡한 상황을 효과적으로 이해하고 대응. 현재 상황의 실시간 분석 결과를 과거 상황들과 연관성을 분석하여 현재의 위험 상황 조기 해결

기계 학습 접근의 경우 우선 아래의 방식들 가운데 하나를 사용하여 정의한 다음 서포트 벡터 머신(SVM) 등의 기법을 사용하여 분류하는 일이 필요하다. 한편, 딥러닝 기법은 기능을 구체적으로 정의하지 않고서도 단대단 객체 탐지를 할 수 있으며 합성곱 신경망(CNN)에 기반을 두는 것이 보통이다(출처: InfoShare).

그림 3-8 인공지능 CCTV 모니터링 범위

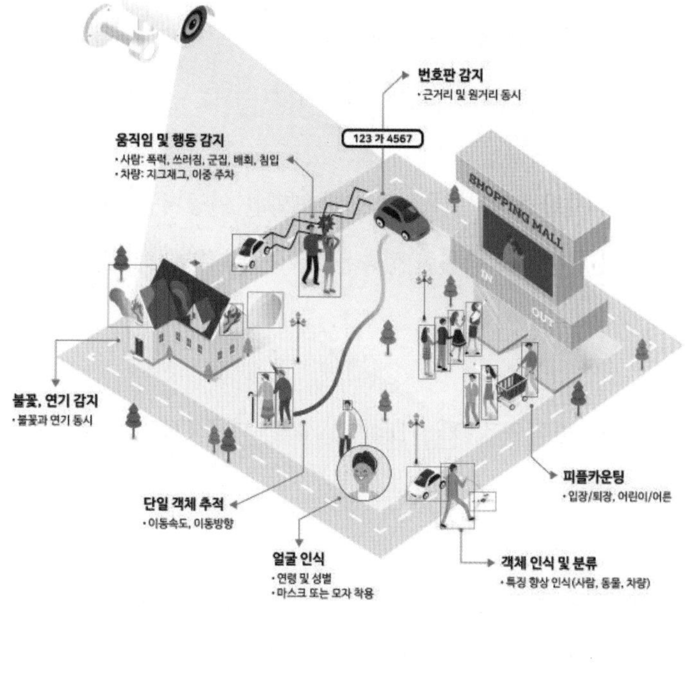

(출처: InfoShare)

표 3-4 인공지능 CCTV 주요 기술

구분	주요내용
영상정보 수집	인공지능 기반 동적/정지 객체 구분, 날씨/조명 등 환경 변화 자동적응, 야간 감시 및 엣지 클라우드 기반 정보수집 에이전트 지원
영상정보 감지	인공지능 객체인식 기반 PTZ(Pan, Tilt, Zoom) 카메라 제어, 침입·배회 등 행동패턴 인식, 특정 물체 도난/유기 인식, 차량번호 자동 인식
영상정보 분석	다중카메라 기반 멀티 View 분석, 차량/사람 등 객체 통계적 카운팅
영상정보 검색	객체정보 기반 검색, 패턴 검색
영상정보 제공	영상 및 위치정보 전송, 유관기관 실시간 상황 전파

2.2 연구동향

인공지능 CCTV는 딥러닝 인공지능 기술에 기반한 실시간 영상인식이 핵심이다. 기존의 CCTV 가 단순히 침입 발생 후 사후 확인 용도로 활용되었다면, 최근에는 Deep Learning 기술을 기반으 로 실시간 침입, 도난, 이상행동 분석 및 알림이 가능하다.

Deep Learning 기술의 사람의 뇌신경망 구조를 모방한 인공지능 기술이다. 딥러닝의 일종인 CNN 기술은 특히 영상처리 분야에 탁월한 성능을 보이는 신경망 네트워크로 객체 인식 알고리즘 의 하나이다.

이에 국가적으로 ETRI를 중심으로 Deep Learning 기반 다중 CCTV 영상에서 사람 탐지 및 이동 경로 추적 기술을 개발하였다.

이와 같은 기술을 개발하게 된 배경으로 통합관제 시스템 등과 연결된 다수의 CCTV의 영상을 통 해 사각지대 최소화, 설치 및 관리 비용의 최소화, 인근에 설치된 고해상도 CCTV 활용을 통한 고해 상도 이미지 확보 및 CCTV 무력화 방지 등의 요구가 급증하고 있다. 또한, 복수의 CCTV에서 촬영 된 이미지에서 동일한 용의자의 동일성을 인식할 수 있도록 딥러닝 기반의 거리, 위치 및 시야각이 다른 후보 영상을 실시간으로 생성할 수 있는 기술 필요하고, 관제인력의 의존도를 낮추기 위한 초기 용의자의 이동경로 자동추적 기술 도입이 필요하다. 또한, 딥러닝 기술을 이용하여 CCTV 영상 내에서 자동으로 사람을 탐지할 수 있고, 찾고자 하는 사람에 대해 빠른 검색 및 재인식 가능하다.

그림 3-9 인공지능 CCTV 구성도

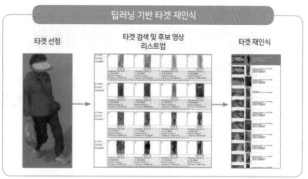

(출처: ETRI)

그림 3-10 인공지능 CCTV 구성도

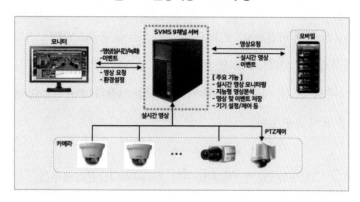

(출처: ETRI)

ETRI는 인공지능 기반 마스크 등 가려진 얼굴인식 기술 CCTV 및 실내 출입통제시스템 환경을 포함하는 감시카메라 상황에서 마스크 착용 등으로 얼굴이 가려진 사람의 얼굴인식 및 해당 사람의 추적 및 재인식을 통해 얼굴이 가려진 사람들에 대한 현 보안 시스템의 모니터링 기능 및 성능을 강화하고자 기술을 개발했다.

그림 3-11 인공지능 기반 마스크 등 가려진 얼굴인식 기술 자료

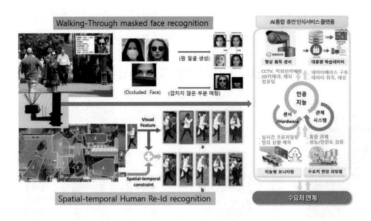

(출처: ETRI)

2.3 인공지능 CCTV 안전 서비스

인공지능 CCTV 안전 서비스는 기존 CCTV 비디오 스트림을 수집하고 기계학습 알고리즘을 사용하여 각 프레임을 분석한다. 기존 인프라를 변경하지 않고 이더넷 케이블을 통해 엣지 AI 비디오 분석 플랫폼을 DVR/NVR에 연결하고, 엣지 AI 비디오 분석 플랫폼(NVIDIA 전문 그래픽 솔루션으로 구동)은 엣지에서 CCTV 비디오 스트림을 분석하여 사고를 즉시 식별하고, 사고가 발생하기 전에 관계자에게 알려준다. 또한, 아마존 웹 서비스(AWS)를 사용하여 원격으로 관리하여, 대시보드에 분석된 데이터를 표시할 수 있다.

그림 3-12 안전한 작업장을 위한 엣지 AI 비디오 분석 솔루션

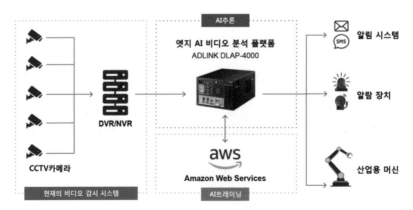

(출처: ADLINK)

인공지능 도시

2.4 인공지능 CCTV 방범 제조사

㈜인포쉐어

인포쉐어는 지능형 CCTV에 우수한 솔루션을 보유하고 있으며 인공지능 CCTV 기술로 업그레이드를 하고 있다. S/W 주요 특징은 다음과 같다.

- **상황예측 기술 개발**
  - 실시간 영상 이미지 학습(Deep-Learning for Image understanding algorithm)
  - 학습된 Data를 이용하여 영상 각각의 이미지 변화 분석
  - Deep-learning으로 얻어진 Data를 기반으로 상황 예측의 기준점 및 이벤트 적용 비율 정의
  - 기준점에서 적용 비율 이상일 경우, 상황 예측 이벤트 발생: People countring의 경우 Deep-learning method를 이용, 특정 도로의 일정시간 유동인구를 counting, 유동인구의 변화가 기준 범위를 초과하여 적용 비율 이상 변화가 있을 경우 상황예측 이벤트 발생)

- **고속 멀티플 오브젝트 디텍터**
  - CNN 알고리즘 기반 고속 멀티플 오브젝트 디텍터를 개발하여 카메라 영상으로부터 실시간 멀티플 오브젝트 디텍팅
  - 이를 통해 상황 인식과 예측을 위한 기본 물체 정보를 분류 및 인지

- **RNN(LSTM) 기반 객체 이상행동 예측, 검출, 분석**
  - RNN(LSTM) 알고리즘 기반 카메라 시퀀스(시간) 실시간 학습 및 상황 예측 모델 개발
  - 카메라 영상으로부터 분류된 객체들을 시퀀스 기반 움직임을 이용하여 객체별 이상 행동 검출
  - 분류된 객체들을 영상 내에서 주 이동방향 등의 움직임을 학습하여 영상 내 움직임 학습을 통한 돌발상황 검출

표 3-5 H/W 주요 특징

구분	Technology	기술사양
얼굴인식	인식 속도	CPU 15 프레임, GPU 100 프레임
	최소 영상정보	120*180픽셀
	검출 정확도	80%
피플카운팅	인식 속도	CPU 15 프레임, GPU 100 프레임
	인식 거리	3m
	정확도	80%
	구분인식	입장/퇴장, 어린이/어른
물체 감지	감지 객체 수	1,000개
움직임 감지	감지 객체 수	4개(방화, 쓰러짐, 유기, 배회)
화재/연기 감지	불꽃감기 성능	30*30픽셀
	감지 시간	20미터
	연기 감지 성능	80픽셀
	감지 시간	5초
차량번호판 감지	이미지 해상도	FHD(1920*1080)
	처리 속도	10FPS(100ms @FHD)
	최소 번호판 크기	150픽셀(가로 크기)
	최대 인식 거리	40m
	최대 인식 속도	80km/h

(출처: 인포쉐어)

아이디스

IDLA(IDIS Deep Learning Analytics)를 통해 누구나 쉽고 빠르게 인공지능(IDLE)을 사용할 수 있다. IDLA는 사람, 자동차, 자전거 등 빠르게 움직이는 대상뿐 아니라 주변을 배회하는 모든 대상을 빠르게 탐지하고 추적한다.

높은 정확도와 빠른 데이터 분석, 확장성, 간편한 데이터 분석 환경을 제공하는 IDLA는 영상 보안 최적화 인공지능 솔루션이다.

아이디스는 'Object Detection' 기술을 이용하여 실시간 영상 및 녹화 영상에서 침입, 배회, 사람의 수 확인 등을 자동으로 분석하여 제공한다. Object Detection(객체 탐지)는 컴퓨터 비전 기술로, CCTV 영상 또는 이미지에서 특정 객체를 소프트웨어 스스로 배경과 구분하고 식별해 자동으로 인식하는 딥러닝 기반의 인공지능 기술이다.

그림 3-13 IDLA(IDIS Deep Learning Analytics) 1

(출처: 아이디스)

IMF(Instant Meta Filtering) search 기술을 사용하여 CCTV 영상 데이터 녹화 시 인공지능 엔진 IDLE를 활용하여 메타데이터를 자동으로 추출하고 저장한다. 대규모 영상 감시 환경에서도 텍스트 문서 검색하듯 쉽고 빠른 검색이 가능하다.

참고문헌

[1] 강수영, 딥러닝 기반 CCTV를 통한 실시간 실종자 얼굴 인식 시스템, 한국정보과학회 학술발표논문집, pp. 1941-1943, 2017

[2] 박진원, CCTV 기반 국가하천 실시간 모니터링 사업, 대한토목학회지 제70권 제7호(통권 제508호), pp. 38-43, 2022

[3] 김준형, 스마트 CCTV 인공지능 자율주행 방범 서비스, 한국정보처리학회 학술대회논문집, Vol. 28 No. 2, pp. 1071-1074, 2021

[4] 이현우, CCTV 영상을 활용한 인공지능 기반의 유동 인구 분석시스템, 한국정보과학회 학술발표논문집, pp. 1498-1500, 2020

[5] https://www.idisglobal.com/?lang=KR&country=KR

[6] https://www.inforshare.co.kr/

[7] https://www.etri.re.kr/kor/sub6/sub6_0101.etri

[8] ttps://aiopen.etri.re.kr/dataDownload

[9] https://www.adlinktech.com/kr/Index

[10] https://infoshare.pl/

[11] https://www.idisglobal.com/?lang=KR&country=KR

3.

인공지능 에너지

3.1 개요

인공지능(artificial intelligence, AI) 도시에서는 에너지의 수요 공급이 기반시설물, 건축물, 자동차, 기반시설물, 공장 등 전 부문에 걸쳐서 딥러닝 기반에서 분석, 예측된다. 인공지능 기반 에너지 통합 관리는 자율제어 최적기술(Autonomous Control Optimizer)을 통하여 도시 내 모든 에너지원을 실시간 인공지능 센서 데이터를 이용해 모니터링 하면서, 도시 내 에너지 수요 공급을 조절하는 역할을 한다.

인공지능 에너지는 소비자의 적응력 및 유연성 향상을 통해 에너지 시스템 부문의 불확실성 문제를 해결하는 데 기여하고(Sun & Yang, 2019), 온실가스 배출량을 줄이며, 에너지 시스템의 신뢰성을 유지하는 데 도움을 줄 것이고(Ahmad et al., 2021), 에너지 요금을 절감하고, 온실가스 배출량을 줄이며, 미래 에너지 개발을 촉진하고 스마트 에너지 기술을 가능하게 할 것이다(Wang et al., 2020).

3.2 인공지능 배전 서비스

인공지능을 이용한 배전계통 부하예측 및 관리를 통하여 수요와 공급의 예측 가능성을 높임으로써 전력망을 정밀하게 제어하고 효율적으로 운영할 수 있는 환경을 제공한다.

또한, 인공지능 기술을 통하여 실시간으로 전력 수요량의 패턴인식 및 패턴 변화 감지 기반의 재학습 기능을 적용하여 다양한 발전원(원전, 화력, 수력, 조력, 태양광, 풍력 등)의 발전량이 급격히 달라지는 상황에서도 정확한 예측이 조정이 가능하다.

그림 3-14 인공지능 배전 시스템 자료

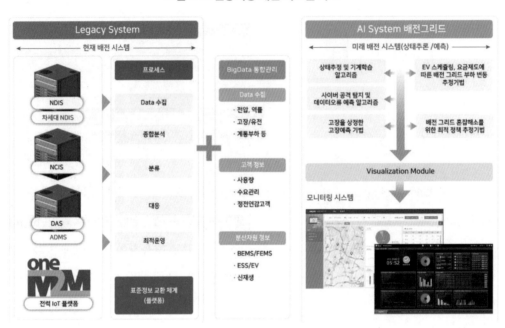

(출처: 어셈블)

인공지능 배전은 분산자원(DG, ESS, EV 등)의 배전그리드 접속량 증가에 따라, 배전 설비 자산의 건전성을 유지하고 배전계통 시스템의 안정적인 운영확보를 위한 전력 빅데이터를 활용한 인공지능 기반의 에너지 플랫폼이 필요하다. 주요 기능은 다음과 같다.

에너지 플랫폼 주요 기능
- 발전기 운영현황: 발전기 대수, 발전기 용량, 일일 생산량, 예측 정확도
- 설비상태: 각 발전기별 상태
- 일일 전력생산, 일일 SMP, 일일 운영전략
- ESS 충방전을 고려한 입찰량, 판매량

인공지능 도시

• 전력 및 REC 현황: 집합자원별, 개별발전소별 예측값, 실측값, 예측 정확도

그림 3-15 인공지능 기반 에너지 플랫폼

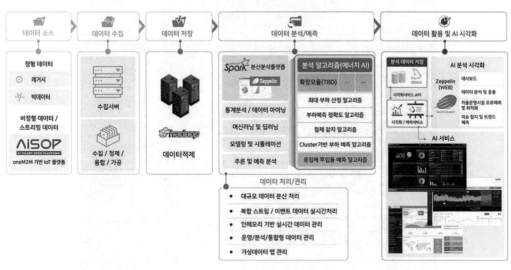

(출처: 어셈블)

3.3 인공지능 에너지 가상발전소(VPP)

인공지능(AI)과 블록체인 기술을 기반으로 한 소규모전력중개 서비스로 가상발전소(VPP)가 있다. 가상발전소[VPP: VPP(Virtual Power Plant)]는 ICT 및 자동제어기술을 기반으로 다양한 곳에 위치한 분산에너지 자원을 연결·제어해 하나의 발전소처럼 운영하기 위한 시스템으로서 분산에너지 자원이 증가하면서 일어날 수 있는 계통운영의 기술적 문제를 해결할 수 있는 기술이다.

따라서 전국 각지에 분산된 소규모 신재생 전원설비를 통합해 하나의 발전소와 같이 통합·관리하기 때문에 전력중개사업의 비즈니스 모델이다. 전력중개사업은 중개사업자가 신재생 에너지, 에너지저장장치(ESS), 전기차 등에서 생산·저장한 1MW 이하의 전기를 모아 집합전력자원으로 구성하여, 전력시장에서 거래 대행 등의 서비스를 제공하는 사업이다.

그림 3-16 가상발전플랫폼 연계 서비스

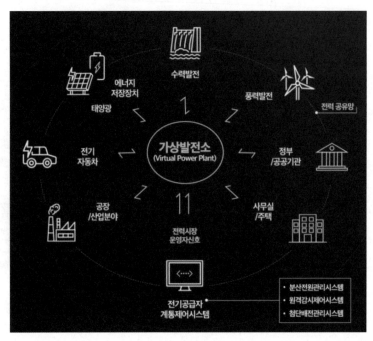

(출처: SK 에코플랜트)

그림 3-17 가상발전플랫폼 모니터링

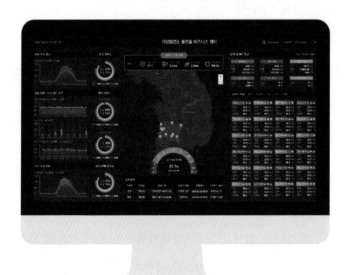

(출처: 브이젠)

그림 3-18 가상발전플랫폼

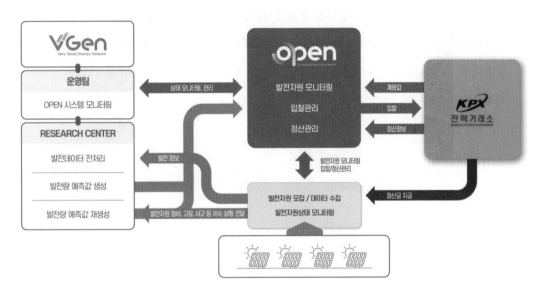

(출처: 브이젠)

3.4 인공지능 마이크로 그리드

마이크로그리드는 분산형전원을 제어자원으로 활용, 에너지이용 최적화 및 신재생자원화를 수행하는 능동배전망 운영체계 구축할 수 있기 때문에 기존 전력계통시스템에 다양한 분산전원을 연계함으로써 자체적으로 전기의 생산, 저장, 공급을 가능케 한다.

다음 그림은 한전 KDN의 마이크로그리드 에너지관리시스템 구성도이며 주요 특징은 다음과 같다.

- 국제표준(CORBA) 기반 실시간 미들웨어(uPowerCUBE, Creative and Unified Base Engine) 탑재
- 독립형/연계(배전급)형 MG 전력계통에 최적화된 SCADA+EMS 기능
- 디젤발전기기, 분산형전원, 에너지저장장치(ESS)와 연계된 독립/단독운전 지원
- 에너지저장장치(ESS)를 활용한 최적 수요관리 및 경제급전, 자동발전제어 제공
- 멀티 프로토콜 및 동시계측을 통한 현장 데이터 동기화

- 디젤발전기, MG-EMS(PowerCube), 리튬배터리(ESS), 인버터#1, 인버터#2, 인버터#3, 태양광, 주변압기 등이 A D/L, 전기와 통신을 통해 수용가, 등대/레이더 기지로 연결됨.
- 디젤발전기, MG-EMS(PowerCube), 리튬배터리(ESS), 인버터#1, 인버터#2, 인버터#3, 태양광, 주변압기 등이 B D/L, 전기와 통신을 통해 수용가, 태양광 1, 2단지, 풍력단지, 태양광 3, 4로 연결됨.

구성도 예시:

그림 3-19 마이크로그리드 에너지관리시스템 구성도

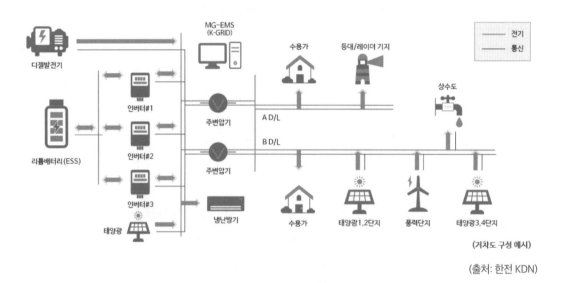

(거차도 구성 예시)

(출처: 한전 KDN)

암모니아 수소화 공정 AI 기반 모니터링

암모니아를 사용해 탈탄소 에너지 시스템으로 전환하는데 AI 기반 모니터링 솔루션 적용이 예상된다.

그림 3-20 암모니아 연료전지 시스템의 구조

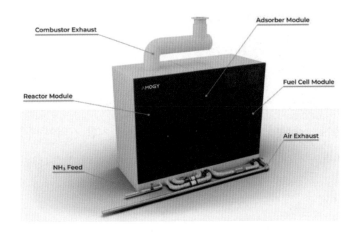

(출처: Amogy)

그림 3-21 암모니아 생산구조

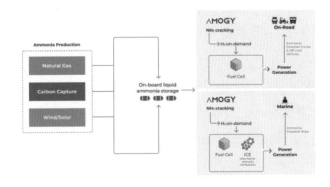

(출처: Amogy)

3.5 사례

베스타스(Vestas)

베스타스[9]는 덴마크의 풍력 터빈 회사로 Vestas는 전 세계에 100GW의 풍력발전기를 세웠고,

---

9   덴마크의 베스타스는 전 세계에 160GW 이상의 풍력터빈을 공급한 기업이다. 세계풍력발전협회(GWEC)가 발표한
    풍력터빈 생산업체 순위에서 5년 연속 1위, 2021년 기준 전 세계 시장점유율 1위(15%, 총 15.2GW 공급)를 차지한
    선도기업으로 아태본부는 서울에 있다.

24,000명의 직원이 있는 글로벌회사이다. 이 회사는 IBM과 함께 인공지능 기술을 풍력 발전에 적용하여 풍력 에너지 생산 최적화를 하였다.

풍력터빈은 설치장소가 매우 중요하다. 보통 설치 후 20~30년간 전기를 생산하는데 풍력터빈을 이용하여 사업을 하는 회사는 초기에 대규모 투자를 한 뒤 20~30년에 걸쳐 투자금을 회수하기 때문에 높은 투자위험에 노출되어 있다. 따라서, 풍력터빈을 설치할 지역이 매우 중요하고, 터빈의 유지보수를 위한 최적의 시간 결정 등을 어떻게 설계하느냐에 따라 전기 에너지의 발전량 차이가 발생한다.

따라서, 풍력터빈의 설치 장소 결정과 에너지 생산량 예측을 위해 정확한 풍력 정보가 필수적이어서 IBM의 인공지능 시스템을 활용해 날씨, 풍향, 지리 공간 등 환경 데이터를 분석하여 터빈에 연결된 각각의 날개가 날씨 변화에 어떻게 반응하는지를 분석하여 터빈의 최적 배치를 하게 되어 에너지 생산을 극대화하고 운영비용을 절감할 수 있다.

사용된 솔루션은 IBM의 분석 솔루션인 '빅인사이트' 소프트웨어와 '파이어스톰' 슈퍼컴퓨터이며 날씨, 조수 간만의 차, 위성 이미지, 지리 데이터, 날씨 모델링 조사, 산림지도 등 페타바이트 규모의 정형·비정형 데이터를 인공지능으로 분석하여 결과값을 도출한다.

BuildingIQ

사전 대응적인 예측식 최적화를 통해 대형 상업용 건물의 HVAC 에너지 비용을 최소화할 수 있는 실시간 시스템이 필요하다고 판단하여 개발한 사례이다. 적용기술로 매트랩 시그널프로세싱 툴박스를 사용하여 데이터를 필터링하고 알고리즘에 통계 및 머신러닝 툴박스를 사용하여 냉난방 프로세스에 대한 가스, 전기, 태양열 전력의 기여도를 모델링하였으며, 최적화 툴박스를 사용하여 에너지 효율을 실시간으로 최적화했다.

그림 3-22 상업용건물 HVAC 에너지 예측 모델링

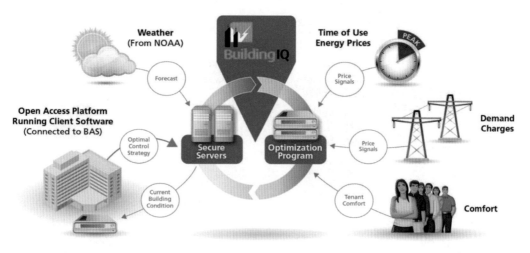

(출처: BuildingIQ)

한국동서발전

인공지능, 빅데이터 기술을 활용하여 풍력발전기의 건전성을 원격으로 진단할 수 있는 시스템을 개발(디지털트윈 기반 풍력발전기 진단 및 출력예측 플랫폼)하였다. 확보기술로 3D 기반 실시간 운전 모니터링 서비스, 고장진단, 예측정비 AI 솔루션, 발전출력량 예측 시뮬레이션 분석 등이다. 이는 풍력발전기의 상태를 실시간으로 모니터링하고, 회전체의 고장을 예측하고 진단하는 시스템을 개발하여 설비를 효율적으로 운영하기 위함이다.

모코엠시스

㈜모코엠시스는 Midas Integration는 다년간 통합시스템 구축 및 컨설팅 경험을 기반으로 개발된 순수 국산 EAI/ESB 솔루션으로써, 검증된 성능과 확장성을 자랑하며 기업 내외부 정보의 통합과 통합 어플리케이션 및 인프라를 위한 최적의 ESB/EAI 솔루션으로 통합시스템을 보다 더 쉽고 빠르게 구현하며 효율적으로 관리할 수 있는 환경을 제공한다.

그림 3-23 클라우드 통합 플랫폼

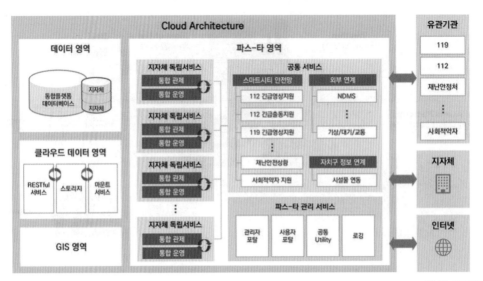

(출처: 모코엠시스)

그림 3-24 클라우드 통합 플랫폼 적용 사례

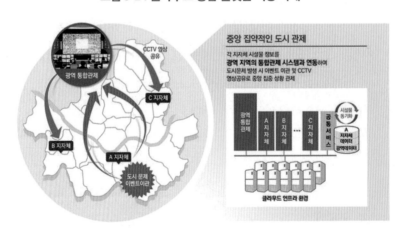

(출처: 모코엠시스)

모코엠시스의 DynaTrace APM은 하나의 플랫폼에서 Observability, 자동화, AI 및 클라우드 네이티브 애플리케이션 보안과 같은 소프트웨어 인텔리전스를 통해 클라우드 복잡성을 단순화한다.

인공지능 도시

그림 3-25 DAynaTrace APM

노던라이트

네덜란드 컨소시엄(보쉬 렉스로스, 힐브랜드, 노던라이트)가 참여하여 친환경 에너지인 태양에너지와 풍력을 동력으로 삼아 나선형으로 오르내리는 놀이기구 콘셉트를 개발하였다.

그림 3-26 스파이럴 타워(Spiral Tower)

참고문헌

[1] 고순주, 재생에너지의 효율적 활용을 위한 AI 적용과 시사점, ETRI, 2019; 박찬국, 인공지능 활용과 과제, 에너지경제연구원, 2021

[2] 이제현, 에너지 분야 AI 적용 현황과 전략, 한국에너지기후변화학회 춘계학술대회 학술지, 2021

[3] 이지현, 인공지능을 기반으로 한 에너지저장장치 최적운영, 한국태양에너지학회 논문집 제42권 제1호, 2022

[4] 이문범, 인공지능 기반 에너지 효율화 방안 연구: 혼합적 연구방법론 중심으로, 한국IT서비스학회지, 21(5), 79, pp. 81-94, 2022

[5] 이광근, 에너지-안전 기반의 차세대 에너지통합 AI관리시스템 개발 및 실증 공동기획연구-수요자 체감형 스마트시티 에너지 안전통합관리기술 개발 및 실증-, 한국EMS 협회, 2020

[6] 이지현, 인공지능을 기반으로 한 에너지저장장치 최적운영, 한국태양에너지학회 논문집 제42권 제1호, pp. 155-175, 2022

[7] https://www.mocomsys.com/sc-cloud

[8] https://enterprise.kt.com/pd/P_PD_BS_ES_SM.do

[9] https://www.ibm.com/kr-ko/watsonx?utm_content=SRCWW&p1=Search&p4=43700077549740616&p5=p&gclid=EAIaIQobChMImuv07rSdgQMVh7qWCh21wQaQEAAYAiAAEgLff_D_BwE&gclsrc=aw.ds

[10] https://www.e-policy.or.kr/e-report/list.php?admin_mode=

[11] http://www.energy.or.kr/web/kem_home_new/energy_issue/

[12] https://d2b38vv9jledd1.cloudfront.net/home.pdf)

[13] https://ns.kdn.com/menu.kdn?mid=a10210020000

[14] https://amogy.co/

[15] www.dezeen.com

4.

인공지능 환경

4.1 개요

4차 산업혁명 시대에 사물인터넷(IoT: Internet of Things), 인공지능(AI: Artificial Intelligence) 등 기술과 더불어 업무환경 및 기후 변화에 적극 대처하고 있다. 특히 기후 환경 변화는 우리가 살아가는 생태계를 크게 위협하고 있다.

그림 3-27 산업혁명 전개 과정 및 대표적 기술 비교

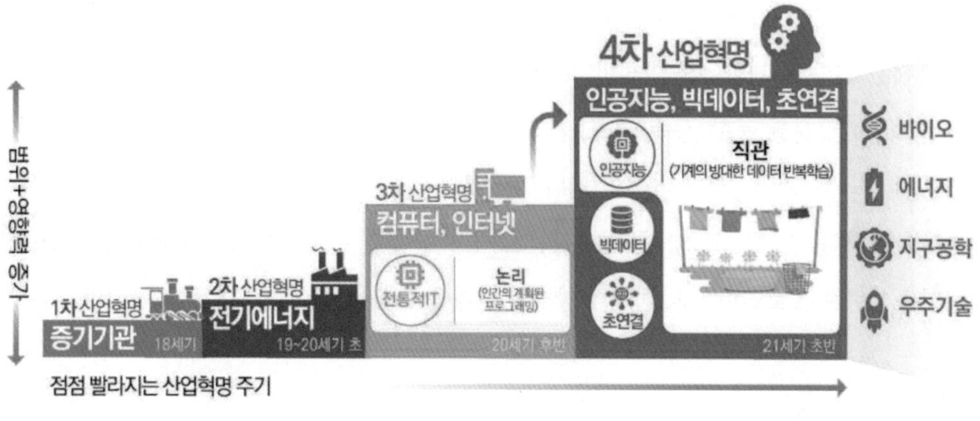

(출처: 4차산업혁명위원회)

4.2 대기환경

　기존의 환경 기술관리만으로는 한계가 많기 때문에 지속 가능한 인공지능 통합 관리 체계하에서 분야별 세부기술의 성숙도가 매우 중요하다. 도시화가 심화 될수록 예측 불가능한 기후 위기가 반복 발생한다. 폭우로 인한 도시 침수, 폭염으로 인한 건강위험 증가, 진화된 바이러스에 의한 집단 감염 등 사전 대응을 하지 않으면 심각한 문제에 당면하게 된다. 이를 위해서 실시간으로 모니터링과 시뮬레이션을 수행함으로써 기상 상황 등을 고려해 홍수나 가뭄 등을 예측하고 선제적으로 대응할 수 있는 계획이 필요하다. 또한, 도시개발계획 수립 시 환경영향평가에서 인공지능 기술을 활용한 평가기술개발도 필요하다.

인공지능 미세먼지 측정 서비스

　미세먼지는 1군 발암물질로 2013년 세계보건기구(WHO)는 미세먼지를 1군 발암물질로 지정하였고, 전 세계 많은 지역이 WHO 권고기준인 연평균 $10\mu g/m^3$ 이상의 대기오염에 노출돼 있다고 경고하였다. 또한, 미세먼지, 오존은 인체에 직접 침투한다. 미세먼지와 오존은 코나 기관지, 눈 등에서 걸러지지 않고 몸속으로 그대로 침투한다. 각종 질환을 유발하는 원인이다.

　따라서, 도시 및 산업단지에서 발생하는 오염 측정을 위해서 많은 센서들을 설치하고 관련 정보를 표출하고 있다. 측정항목은 미세먼지(PM10), 오존(O3), 아황산가스(SO2), 일산화탄소(CO), 이산화질소(NO2), 벤젠, 풍향, 풍속, 온도, 습도 등이다. 인공지능 기술을 이용하면 다양한 기관과 협업으로 데이터를 수집하고, 사람들의 인위적인 개입 없이 인공지능이 대기공기의 위험도를 사전 예측하고 정확한 정보를 전달한다. 실질적인 도시 및 산업단지 내 오염도 지도를 수십 년간 축척된 데이터를 기반으로 모델링하면, 미래에 발생할 상황을 사전에 예측하고 대응할 수 있다.

그림 3-28 초미세먼지 농도 측정

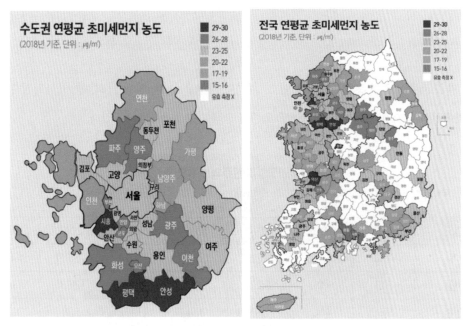

(출처: 한국환경공단)

수도권 지역의 대기환경 여건을 살펴보면, 수도권의 면적은 11,853㎢로 전국 면적의 약 12%를 차지하며, 인구는 전국 인구밀도인 518명/㎢과 대비하여 서울 16,076명/㎢, 인천 2,782명/㎢, 경기도 1,300명/㎢으로 매우 높다. 또한 수도권의 사업체 및 종사자수는 각각 전국의 47.2%, 51.5%를 차지하며, 자동차대수 역시 44.4%로 수도권에 집중되어 있다.

표 3-6 수도권 지역의 대기환경여건

구분	단위	전국	수도권				수도권(%)
			서울	인천	경기도	총계	
면적	km²	100,188.1	605.2	1,063	10,185	11853.2	11.8
인구	천명	51,850	9,729	2,957	13,240	25,926	50.0
인구밀도	명/km²	518	16,076	2,782	1,300	2,187	-
사업체수	개	4,103,172	823,385	202,493	909,032	1,934,910	47.2
종사자수	명	22,234,776	5,210,936	1,070,454	5,174,364	11,455,754	51.5

| 자동차대수 | 대 | 23,680,366 | 3,124,157 | 1,635,323 | 5,765,692 | 10,525,172 | 44.4 |

(출처: 통계청-e-나라지표, 국토교통부-통계누리)

※ 인구·자동차는 '19년 기준, 사업체·종사자수는 '18년 기준

수도권 오존주의보 발령횟수는 36회였고, 지역별로 서울 13회, 인천 11회, 경기 34회였다. 수도권 지역에서의 대기질을 개선해야 고농도 오존의 발생 가능성을 줄일 수 있다.

표 3-7 연도별 오존주의보 발령 횟수

발령일수(발령횟수)

연도	2012	2013	2014	2015	2016	2017	2018
계	11(28)	16(48)	17(65)	15(34)	33(111)	25(87)	36(146)
서울	3(6)	9(18)	8(23)	3(4)	17(33)	12(33)	13(54)
인천	5(6)	4(4)	7(10)	3(3)	11(16)	5(7)	11(15)
경기	9(16)	15(26)	16(32)	13(27)	31(62)	24(47)	34(77)

(출처: 국립환경과학원 대기환경연보, 2018)

표 3-8 미세먼지 등급

구분	내용			
미세먼지 등급	좋음	보통	나쁨	매우 나쁨
미세먼지 농도	0~30μg/m³	31~80μg/m³	81~150μg/m³	151 / 이상μg/m³

· **미세먼지 측정기**

일반적으로 도시 내 미세먼지 측정을 위해 사용하는 장치는 LoRaWAN 또는 WiFi를 지원한다. LoRaWAN 미세먼지 측정기는 PM1.0, PM2.5, PM10, 온/습도 측정 및 소음측정, 악취(암모니아 센서, 황화수소 센서), O2 산소센서를 측정할 수 있다.

그림 3-29 미세먼지 측정기

(출처: 스파이어 테크놀로지)

4.3 인공지능 수질관리

수자원 관리와 활용을 위해 댐이나 보 등의 시설을 건설·관리하는 통합물관리사업, 수돗물이나 산업용수 공급, 하수도 관리 등을 포함하는 물공급사업, 수변 지역을 활용한 신도시 및 첨단산업단지 조성사업을 위해서 인공지능 기술과 드론, 나노기술을 활용해 고도화된 수질예측 시스템이 필요하다. 특히 5대 오염원(인구, 축산, 토지, 양식장, 산업 폐수)은 운영자의 경험과 제한적인 수질 측정값에 기반해 수동으로 운영하고 있기 때문에 인공지능 기술 적용이 요구된다.

인공지능 수질관리서비스를 위해서는 인공지능 디바이스, 인공지능 솔루션, 인공지능 서비스로 구성된다. 인공지능 수질관리 디바이스는 실시간 스마트 계측설비와 양방향 감시 제어 통신장비, 드론, 로봇 등 진단장비로 구성한다. 인공지능 수질관리 솔루션은 실시간 데이터를 수집하고 인공지능 기술기반 분석 및 처리한다. 인공지능 수질관리 서비스는 분석된 데이터를 기반으로 정확한 정보 예측과 표출(데이터 시각화)한다.

표 3-9 주요 딥러닝 기법

구분	내용
MLP (다층 퍼셉트론)	• 여러 개의 퍼셉트론 뉴런을 여러 층으로 쌓은 다층신경망 구조 • 입력층(input layer)과 출력층(output layer) 사이에 하나 이상의 은닉층(hidden layer)을 가지고 있는 신경망 • 인접한 두 층의 뉴런은 완전연결(fully connected)
오토인코더 (AutoEncoder)	• 이상징후(Anomaly)를 탐지하는 데 사용 • 은닉층의 뉴런 수를 입력층보다 작게 해서 데이터 압축 • 디코더에서 노이즈(noise)를 추가한 후 원본 입력을 복원할 수 있도록 네트워크를 학습
Stacked AutoEncoder (SDAE)	• 보통의 오토인코더는 SDAE의 형태로 운영, 각 단계에서 오토인코더를 쌓아감 • 각 단계에서 계층의 수를 변경하여 최적의 파라미터를 얻을 수 있음
CNN (합성곱신경망)	• 뉴럴네트워크(NN)으로 이미지 처리에 많이 사용 • 필터(filter)를 통해서 전체를 보는 것이 아니라 중심적인 특징에 집중할 수 있도록 함. pooling layer, fully connected layer의 구조
순환신경망 (RNN)	• 자연어와 같이 순서가 중요한 모델에서 시작
LSTM	• 기존의 RNN(순환신경망)이 출력과 먼 위치에 있는 정보를 기억할 수 없다는 단점을 보완하여 장·단기 기억을 가능하게 설계한 신경망의 구조(주로 시계열 처리나 자연어 처리에 사용)

인공지능 도시

그림 3-30 수자원관리에서 활용되는 대표적 딥러닝 기법의 기본 작동원리

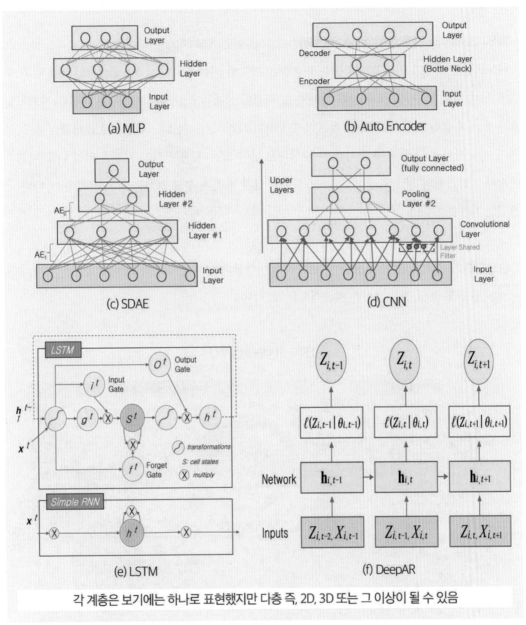

각 계층은 보기에는 하나로 표현했지만 다층 즉, 2D, 3D 또는 그 이상이 될 수 있음

(출처: 랩큐)

4.4 사례

화우나노텍 나노버블 장치(nano bubble)

나노버블은 마이크로 버블보다 작은 1~999nm 크기의 버블로 직경이 0.1㎜ 이상인 버블은 큰 부력에 의해 빠르게 수면으로 부상해 사라지며, 직경이 상대적으로 작은 마이크로 버블은 자기가압 효과에 의해 점점 버블 내 기체를 잃으며 수축하여 사라지기도 한다. 그러나 나노 버블의 경우 부력이 매우 작아서 액체 속에 장시간 부유 상태로 남아 있다. 일반적인 기포와 달리 나노 버블은 산소와 기타기체의 전달 효율이 커서 동/식물의 성장 촉진과 수질 정화는 물론 세척 등에 대한 긍정적인 작용을 한다.

나노버블의 큰 특징은 높은 용존 산소로 인해 미생물의 분해를 촉진하고, 이물질들을 쉽게 흡착시켜 수면 위로 부당, 오염물질을 지속적으로 제거한다.

그림 3-31 나노버블특성

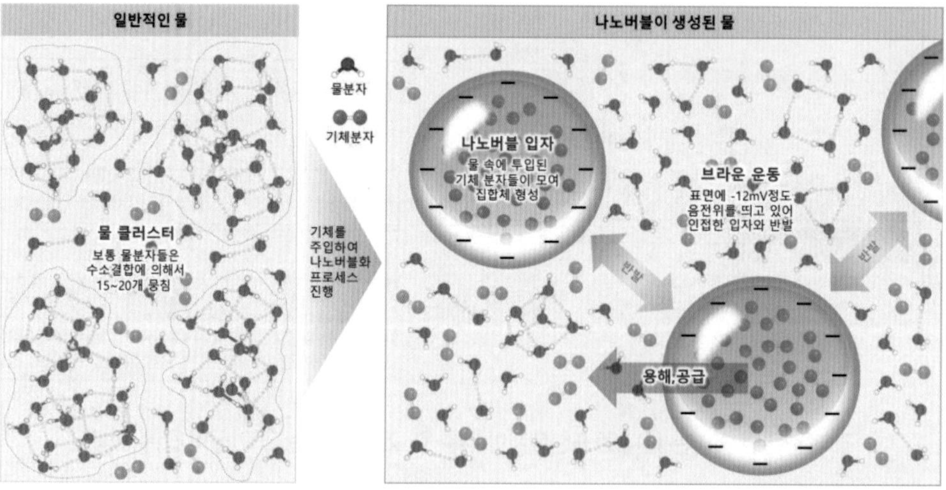

(출처: 화우나노텍)

화우나노텍의 나노버블발생장치는 FNBG-600 모델 기준, 나노버블 생산량은 1일 600톤, 전기 소모량은 5.3kW/hour, 300nm 이하이고 소형화, 경량화를 통한 최적의 공간 활용할 수 있다.

인공지능 도시

표 3-10 나노버블발생장치 성능 비교

구분	내용		
	화우나노텍	A사(일본)	B사(한국)
버블생성방식	surface Friction Method	Vortex Turbo Impeller Mixing	Multistage Pump Method
버블크기(μm)	0.3μm(300nm) 이하	10~20(μm)	약 10μm
생산량	416	33	70

(출처: 화우나노텍)

그림 3-32 나노버블장치

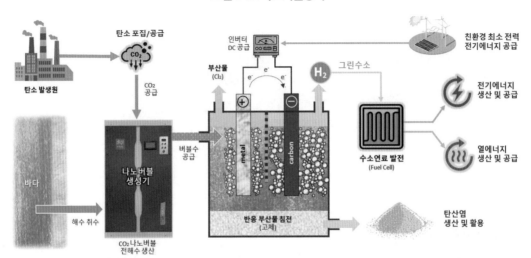

(출처: 화우나노텍)

서울시 상수도본부

수질 사고를 조기에 감지할 수 있는 '인공지능(AI) 기반 수질관리시스템'을 구축했다. 기존에 수질 민원 등 이상 징후와 공급관로 특성을 종합 분석해 대응하는 '수질자동감시시스템'을 운영하고 있으나 수질 사고 사전 예측에는 한계가 있는 실정이었다. AI 기반 수질관리시스템은 기존 시스템에 빅데이터 분석과 AI 기술을 적용한 것으로, 수질 예측을 통한 선제적인 수질 관리가 가능하다. 이 시스템은 서울 전역에 설치된 수질자동측정기 299대의 수질 측정값과 매월 450개소에 대해 실시하는 법정수도꼭지 수질 검사 결과 등 분산돼 있던 수질 관련 데이터를 통합 관리한다.

인공지능 기반의 수질사고 예측은 수질 통합 데이터베이스를 기반으로 지능형 공간분석을 통해 서울 전역에 수질사고가 발생하기 쉬운 취약 지역을 검출한다.

인공지능을 통해 검출된 수질취약 지역은 종합감시화면에 위치가 표시돼 취약관로 교체, 관망 세척, 수질자동측정기 설치 등 특별 관리를 실시해 수질사고를 예방하게 된다.

그림 3-33 인공지능 기반 수질관리 시스템

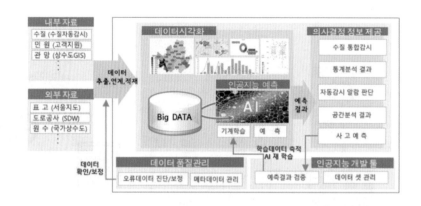

(출처: 서울시)

• 서울시 인공지능 기반 하수관로 손상 자동 인식 시스템

서울시는 하수관로 조사 CCTV 영상 내의 손상 부위들을 자동 인식하는 시스템을 개발하기 위해 하수관 CCTV 영상에 포함된 손상 부위는 10종 손상 부위에 대해 클래스를 분류하기 위해 딥러닝을 활용한 CNN(Convolutional Neural Network) 기반의 VGG-19 모델을 사용하여 데이터를 수집하여 데이터베이스를 구축하였다. 트레이닝(Training) 과정에서 VGG-19 모델을 적용하여 트레이닝 된 모델을 생성하고 트레이닝 된 모델을 통해서 테스팅(testing) 과정을 수행하게 된다.

추가적으로 딥러닝 모델 결과에 대해 사용하는 이해할 수 없는 문제점을 해결하기 위해 설명이 가능하게 한 XAI(eXplainable Artificial Intelligence) 알고리즘을 적용하여 실험 결과에 대해 명백하고 투명한 결과를 추출하여 사용자의 이해를 도움 손상 유형이 유사한 이음부 단차와 이음부 이탈은 각각 하나의 손상으로 분류하고 최종적으로 사용자가 선택할 수 있도록 구성하였다.

그림 3-34 하수관로 손상 자동 인식 시스템 구조

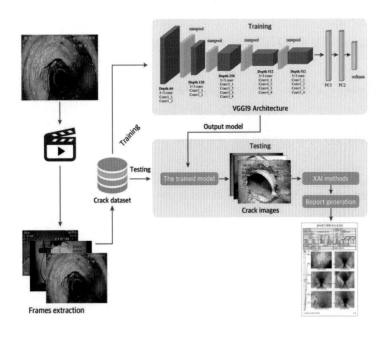

그림 3-34 하수관로 손상 자동 인식 시스템 구조

(출처: 서울시)

한국수자원공사

한국수자원공사는 기후변화 등으로 취수원 수질 변동성이 커지는 가운데 인공지능 기반 '대청댐 수질예측 서비스'를 개발하였다. 인공지능 수질예측 서비스는 인공지능 등 4차 산업혁명 기술을 활용, 실시간으로 대청호를 상수원으로 활용하는 취·정수장 운영 데이터의 실시간 통합 관리 모니 터링 시스템 구축, 냄새물질, 망간 등을 선제적으로 예측하는 AI 기반 알고리즘 개발, 수질 이상 발 생 시 시나리오 기반 의사결정 지원시스템 개발 등이다.

참고문헌

[1] 김우형, 블록체인 기반 지능형 미세먼지 감지 시스템, 한국정보통신학회 2021년도 여성ICT위원회 학술대회 논문집, pp. 86-89, 2021

[2] 백봉현, 지역환경변수를 이용한 인공지능기반 대기오염 분석 및 예측 시스템 개발, 한국정보통신학회논문지 제25권 제1호, pp. 8-19, 2021

[3] 윤숙욱, LDA 기법을 이용한 미세먼지 이슈의 토픽모델링 분석, 에너지 공학 제29권 제2호(통권 제102호), pp. 23-29, 2020

[4] 황승연, R을 이용한 서울시 교통량과 미세먼지 발생의 상관관계 분석, 한국인터넷방송통신학회 논문지 제19권 제4호, pp. 139-149, 2019

[5] 녹색경제와 지속가능발전을 위한 환경정책 뉴 패러다임 개발, 한국환경연구원, 2017

[6] 화우나노텍, https://fawoonanotech.com/179

[7] https://aihub.or.kr/aihubdata/data/

5.

인공지능 팜

5.1. 개요

ICT 기술의 빠른 발전은 다양한 산업에 디지털 전환(DX)을 견인하고 있으며, 농업분야도 포함된다. 오래전부터 미국은 정밀기계농업(자율주행 트랙터)을 중심으로 규모의 농업을 추구하였으며, 네덜란드를 비롯한 유럽 선진국은 유리온실을 중심으로 한 특수작물(원예) 및 축산업에 고도의 집약된 기술들을 적용하였다.

이러한 애그테크[10] 농업 패러다임(바이오, ICT 융합)은 농업의 디지털 전환을 더욱더 가속화시켰으며 스마트 팜을 통하여 도시와 농촌의 경계를 허문 단계에 이르렀다. 현재는 인공지능 기술을 농업에 적용하여 빅데이터 기반으로 생산과 유통을 추구하고 있다.

폴라리스 마켓 리서치(Polaris Market Research: 글로벌 시장 조사 및 컨설팅 기업)에 따르면 스마트 농업 시장규모는 2021년 131억 7,000만 달러에서 연평균 10.8% 성장하여 2030년에는 321억 달러로 추정했다.

---

10 애그테크(AgTech)란 농업(Agriculture)과 기술(Technology)의 합성어로, 생산활동과 가공 및 유통에 이르는 농업의 전 과정에 정보통신기술(ICT)을 비롯한 인공지능(AI), 사물인터넷(IoT), 빅데이터 등 첨단기술을 적용하는 것이다.

IBM과 구글 등 글로벌 기업의 경우 인공지능 기술을 농업에 적용하고 있으며(네덜란드의 Priva, Hortimax와 공동으로 인공지능 환경제어 장비 및 제어 솔루션 공급), 일본과 중국(Alibaba, Tencent)의 경우도 농업 데이터 플랫폼 개발, 자율주행 농기계 개발에 많은 R&D 투자를 하고 있다.

한국의 경우 정부주도의 스마트 팜 혁신벨리 조성과 스마트 팜 스타트업을 중심으로 농업종사자들의 고령화 및 여성화로 인하여 농업분야 종사하는 인력 부족이 예상되기 때문에 과거의 경험과 데이터, 협동로봇을 기반의 딥러닝에 의한 정보 수집 및 분석 및 처리를 자동화하여 보다 생산적인 농업을 준비하고 있다.

5.2. 인공지능 팜 정의

스마트 팜은 스마트 팜은 네트워크와 자동화 기술을 융합하여 시공간의 제약 없이 농사 환경과 상태를 관측하고, 정보를 계량화하여, 농업 생산과 유통, 농촌 생활에 적용함으로 삶의 질 향상과 함께 보다 지능화되고, 고효율을 지향하는 농업형태로 정의 하며 시설원예 및 축사 분야를 중심으로 하는 스마트 온실/축사를 활용한다.

스마트 온실의 경우에는 다양한 센서들이 설치되어 작물 생육환경에 따라 다양한 구동기들을 조절할 수 있으며, 스마트 축사의 경우 가축의 생육환경에 따른 온습도 조절 및 사료를 자동화할 수 있다.

반면에 인공지능 팜의 경우, 작물과 가축의 최적의 환경을 경험에 의존하지 않고 학습을 통하여 익히고 지능화된 센서와 로봇을 활용하여 대응할 뿐만 아니라 이들 장비들이 장애를 일으킬 수 있기 때문에 사전에 예지정비를 실행하거나 문제가 발생시 2차 조치까지 실행할 수 있다. 따라서 기존 스마트 팜을 운영하면서 발생하는 구동기 등 기계장치들의 고장, 기상정보 미연계로 인한 에너지 낭비, 재해발생등 대규모 피해를 사전에 예방하는 지능적인 농업 형태이다.

　　인공지능 도시

그림 3-35 스마트 팜

(출처:https://industrywired.com/)

5.3. 인공지능 팜 주요 기술

기술동향

농촌진흥청은 한국형 스마트 팜 모델을 1세대~3세대까지 분류했다. 1세대의 경우 농업의 디지털화로 원격 모니터링 및 제어를 통해 농작업 편리성을 개선했다.

한국형 스마트 팜 1세대

원격관리에 의한 농가의 편의성 향상을 목적으로 자동화 및 ICT 기술들을 적용하는 단계이다.

표 3-11 한국형 스마트 팜 1세대

구분	주요내용
구성도	![구성도](구성도 이미지)
주요 기술	• CCTV 24시간 모니터링, 인터넷 연결 및 네트워크 구성 • 실시간 기상정보(온도, 습도, 풍향, 풍속),(온도, 습도, CO_2) • 비닐하우스 장치(천창, 측창, 보온재, 유동팬, 환기팬) 원격 자동 개폐

(출처: 농촌진흥청)

한국형 스마트 팜 2세대

2세대의 경우 최적 생육모델과 분석 및 처방에 일부 인공지능이 수행하게 되는데 농가마다 각각 다른 재배환경과 작물의 생육반응 데이터를 DB에 저장하고, 인공지능으로 생장을 예측하고 기기별 최적 생육모델을 생성하여 경험중심을 넘어서 AI에 의한 자동화를 준비하는 단계이다.

표 3-12 스마트 팜 주요 모니터링 정보

구분	내용
재배환경	기상 정보(풍향, 풍속, 온습도, 일사량, 강우), 지상부 환경(온도, 습도, 이산화탄소, 일사량), 뿌리부 환경(토양수분, 양분, pH)
생체정보	생육정보(작물신장, 줄기 굵기, 개화, 열매의 수, 열매의 크기), 질병(역병, 흰가루병 등 5종), 해충(잎굴파리 등 2종)

표 3-13 한국형 스마트 팜 2세대

구분	주요내용
구성도	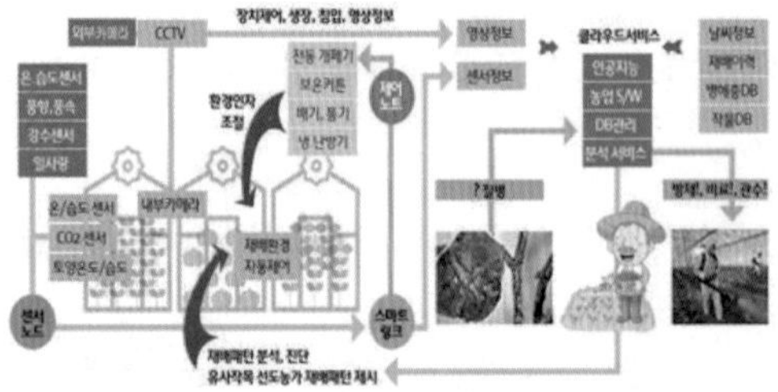 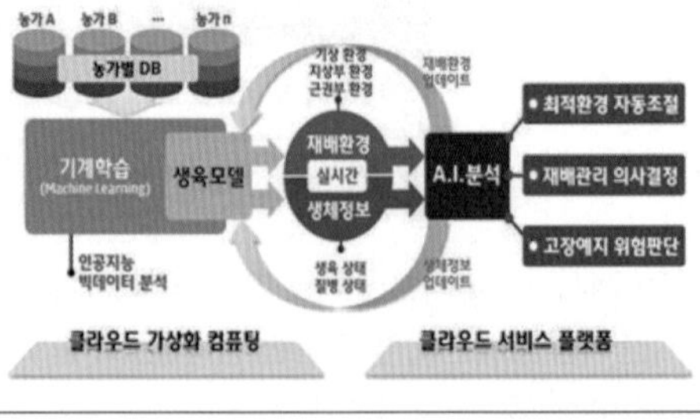

(출처: 농촌진흥청)

한국형 스마트 팜 3세대

3세대는 로봇 및 인공지능 정밀농기계를 이용하여 농업작업을 자동화하고, 작물의 영양과 질병

감염 상태를 조기에 진단하고 처방하기 위해 복합에너지 최적 제어기술을 적용하는 단계이다. 한국처럼 농촌이 고령화가 심해 농업에 종사하는 인력이 부족한 국가에서는 빠른 농업분야와 인공지능 기술 결합이 필요한 단계이다.

표 3-14 한국형 스마트 팜 3세대

구분	주요내용
구성도	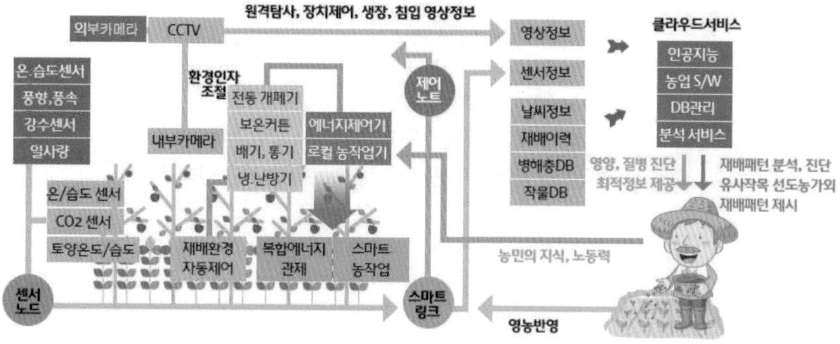
주요 기술	• 2세대 모델 기능 포함 • 온실환경(작물진단센서, 에너지관제센서, 로봇항법센서) • 장치제어(로봇농작업기, 에너지관제시스템)

(출처: 농촌진흥청)

주요 기술

표 3-15 스마트 팜 소프트웨어

구분	내용
통합 관리 시스템	에너지관리, 센서, 구동기, 분석 서버, 예지정비 시스템 빅데이터 저장 및 분석 서버, 클라우드 서비스 연계
인공지능 플랫폼	센서, 구동기, 분석 서버 등 다양한 기기들 상호 연계
인공지능 엔진	인공지능 영상분석(작물 이미지 분석을 통한 병해충 사전 감지/조치) 실시간 생장 환경 모니터링, 시설물 제어 환경 및 생육 정보 데이터베이스 분석, 병충해 방제 자동화, 의사결정시스템

표 3-16 스마트 팜 하드웨어

구분	내용
인공지능 센서	농작물 생육환경관련 딥런닝으로 학습된 정보 기반하여 작물에 대한 실내외 센서 정보를 자율적으로 수집하는 센서 - 온도, 습도, CO_2, 일사, 풍향, 풍속, 감우, 대기 환경, 토양수분 EC, pH, 지온 센서
인공지능 환경제어	평상시는 자동으로 동작하지만 상황에 따라 수동, 반자동으로 동작할 수 있음. 일반적으로는 자동 환경제어로 관리자의 참여 없이 자동으로 구동기를 동작시켜 최적의 작물 생육환경 구성 - 커튼, 환기 팬, CO_2 발생기, 관수 및 관비 장치
인공지능 통신망/CCTV	다양한 센서 간 통신 및 구동기 제어를 위한 자체 네트워크 수집된 정보를 엣지 게이트웨이에서 클라우드로 전송 어떠한 상황에서도 끊김 없는 네트워크 기반 영상제공

5.4. 사례

미국

세계 최고의 농업 선진국인 미국은 AI 정밀 농업 기술을 활용해 수확량을 증대시키면서 생산 비용과 폐기물은 줄이고 있어 농업의 지속 가능성을 높이고 있다.

표 3-17 미국 AI 스마트 팜

구분	내용
AI를 활용한 스마트 제초 솔루션	둔카본 로보틱스(Carbon Robotics)는 제초기의 컴퓨터 비전 시스템은 고해상도 카메라에서 보낸 이미지를 분석해 잡초와 작물을 구분하고, 고정밀 레이저로 잡초 제거
AI 분석으로 유제품 생산 최적화	소마 디텍트(SomaDetect)의 센서 시스템은 착유 과정에서 원유 품질 및 젖소의 건강을 실시간으로 분석. 이 시스템은 광학 센서 및 딥러닝 알고리즘을 사용하여 소의 질병 및 영양 결핍 감지
AI 플랫폼	농부들은 FBN(Farmer's Business Network)이 제공하는 디지털 플랫폼을 농부들은 데이터 분석, 농업 상담 및 유통망 관리 서비스를 통해서 농가 운영을 최적화함. 이 플랫폼은 인공지능 및 머신 러닝을 사용하여 작물 수확량, 토양 상태 및 기후 패턴에 대한 데이터를 분석하고, 농부들은 최적 작물 재배 선택함

표 3-18 미국 스마트 팜 사례

구분	내용
자율주행 트랙터	모나크 트랙터: 최초의 완전한 전기 자율주행 트랙터
미국 최초 자동화 농장	아이언 옥스(Iron Ox): 로봇 '앵거스'(Angus)가 농작물 모듈을 직접 운반하고 로봇팔은 농작물 재배치 클라우드 기반 시스템인 '더브레인'(The Brain)을 이용해 농작물 성장주기 전반을 모니터링. 더브레인은 수경 재배 데이터를 수집하고 머신러닝과 인공지능(AI)을 이용해 해충이나 질병 유무 파악

(출처: https://ironox.com/technology/)

네덜란드

네덜란드의 스마트 팜은 세계적 기술을 자랑한다. 특히, 드론과 AI 로봇에 기반한 자동화 기술은 고령화되고 농업 분야 인력을 대체할 미래 농업의 모습을 보여 주고 있다.

표 3-19 네덜란드 스마트 팜 사례

구분	내용
Green Switch Original과 농작물 모니터링 드론	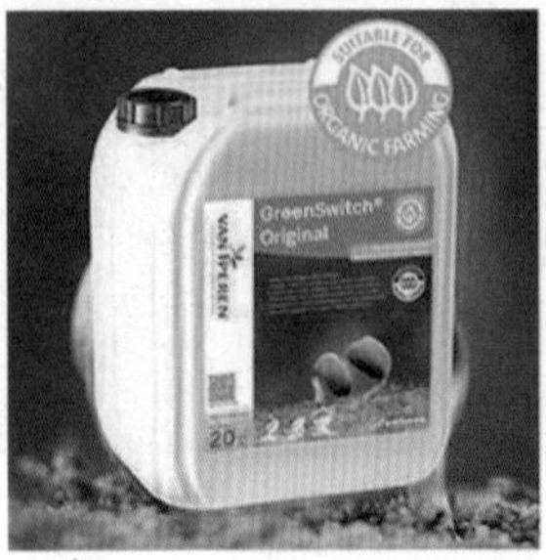 
프리바 토마코 재배 AI 로봇	토마토 농장에서 이 불필요한 가지를 제거할 때 사용하는 로봇으로 토마토 작물에서 잎을 제거하는 작업은 줄기의 하단부에서 오래된 잎을 손으로 솎아내는 비교적 간단한 절차이다. 이 전지 작업은 토마토의 숙성을 촉진시키기 위해 매주 수행한다. 그러나 작업에 소요되는 노동력은 그 불확실성과 인건비가 높고, 작업 자체가 단조로워 동기 부여된 적극적인 노동력을 확보하기 어렵다. 이런 문제 해결하기 위해 AI 로봇을 도입한다. 

(출처: flirkorea)

인공지능 도시

중국

세계 최고 수준의 실내환경제어(Climate Control) 기술을 보유한 네덜란드 회사 Priva(프리바) 기술을 원예산업에 적용하고 있다.

표 3-20 중국 스마트 팜 사례

구분	내용
딸기 스마트 팜	프리바 시스템 적용 

(출처: 대한무역투자공사)

일본

일본 농업계는 노동인구 노령화와 인구 감소로 민간 기업과 협력해 스마트 농업 기술을 개발 및 도입에 속력을 내고 있다.

표 3-21 일본 스마트 팜 사례

구분	내용
아스파라거스 수확 로봇	이나호 로봇: 여러 개의 열매가 함께 열리는 작물의 경우, 수확 대상이 아닌 다른 열매를 건드리지 않아야 하는데 이를 위해 정교한 센서 처리 기술과 함께 로봇 구동 기술 적용 

(출처: https://froma.co/acticles/692)

5.5. 표준화 활동

2015.   대한민국, 제4차 국가표준기본계획 수립(2016~2020)

2016.6.   한국정보통신기술협회TTA, 정보기술 융합 기술위원회 산하 스마트농업 프로젝트그룹(PG426) 설립

2016.6.   스마트 팜 확산사업 참여희망기업 등록, 농림수산식품교육문화정보원

2017.3.   농업기술실용화재단이 중소기업진흥청 단체표준제정기관으로 등록

2017.9.18. 농업기술실용화재단, 스마트 팜 ICT 융합표준화 포럼 설립

2018.10.23. 농업기술실용화재단, 3건의 단체표준 제정

2018.12.26. 대한민국, 스마트 팜 표준 5건, 방송통신표준 제정

2019.1.   한국전자통신연구원 ETRI, 스마트 팜 표준화 프레임워크 활동 시작

2020.5.   농림축산식품부, 스마트 팜 ICT 기자재 국가표준 확산지원사업

2020.9.   국가기술표준원 전기전자정보표준과 및 농촌진흥청, 농업용전자통신 전문위원회
           SC19 설립

참고문헌

[1] 최영은 외, "스마트 팜 데이터를 위한 이상치 탐지 기법분석", 한국콘텐츠학회 종합학술대회, pp. 263-264, 2023

[2] 박주영, "ITU-T SG13, SG20 스마트 팜 표준화 동향", pp. 37, SEP Inside, 2020

[3] 김봉현, "이기종 시스템 통합 기반의 차세대 스마트 팜 비즈니스 모델 최적화 연구", 차세대융합기술학회논문지 제4권 제3호, pp. 265-271, 2020

[4] 최철주 외, "스마트 팜에서의 보안 취약점 및 대응 방안에 관한 연구", 디지털융복합연구 제14권 제11호, pp. 313-318, 2016

[5] 서준민, "클라우드 기반 스마트 팜 작물 생장 데이터 분석 시스템 설계 및 구현", 2020, 석사논문, 한국산업기술대학교

[6] 윤성현 외, "오픈 소스 기반 스마트 팜 플랫폼 표준기술 검증에 관한 연구", 한국통신학회 하계학술발표회, 2021

[7] 스마트 팜 코리아(https://smartfarmkorea.net/)

[8] 한국형 스마트 팜 기술개발, 농촌진흥청, 2018.; ICT Standard & Certification Special Theme: 스마트 팜, TTA저널, Vol. 180, 2018

[9] 미라클어헤드(https://mirakle.mk.co.kr)

[10] 프리바코리아(https://www.flirkorea.com)

[11] 프롬에이(https://froma.co/acticles/692)

[12] 스마트 팜 코리아(https://www.smartfarmkorea.net); IT 기술 동향: 업체별 사례: 시설원예 환경 제어 업체; Priva(https://www.priva.com/uk/solutions)

[13] 스마트 제조 분야 동향 보고서, 한국농림식품기술기획평가원, 2022

[14] 스마트 팜 글로벌 트렌드 및 진출 전략 3, 대한무역투자공사, 2020

[15] https://www.rda.go.kr/webzine/2022/12/sub1-7.html

[16] https://smartfarm.rda.go.kr/

[17] https://www.kasfi.or.kr/

[18] https://news.samsungdisplay.com/16707

[19] https://www.greenplus.co.kr/sub2/2_1.php

6.

인공지능 아쿠아포닉스

6.1 개요

세계는 지속적으로 인구증가 및 도시화가 가속화되고 있고, 물부족, 식량부족, 기후변화에 심하게 노출되어 있다. 이러한 시대적 흐름에 선제적 대응을 하기 위해서는 지속 가능한 농산업 분야에 관심을 가져야 하는데 아쿠아포닉스가 그 대표적인 분야이다.

아쿠아포닉스는 지속 가능하고 친환경적이면서 미래산업의 중요한 가치인 '순환'과 '재생'이라는 관점에서, 물고기양식(Aquaculture)과 수경재배(Hydroponics)를 통합한 것으로 물고기 분비물을 이용하여 식물을 키우는 수경재배 형식의 지속 가능한 친환경 농업이다.

아쿠아포닉스는 미래 기후위기에 대응하는 중요한 기술이다. 지구 온난화, 악천후로 인한 농작물 피해, 물 부족으로 인한 농작물 피해, 농산물 가격급등, 고령화로 인한 농어업인력 부족 문제 등을 조절 및 해결할 수 있다. 즉, 미래 아쿠아포닉스 필요성으로 공간 활용성, 지속 가능성, 물 절약, 식품안전성(food security), 노동력 절감, 경제성 분야에서 찾을 수 있다.

표 3-22 아쿠아포닉스 필요성

구분	내용
안정성	식물에게 일체의 농약·살충제·화학비료가 사용되지 않으며, 어류의 부화부터 어획까지의 성장이 사육수에서만 이루어짐
경제성	어류와 식물 두 가지 효과를 얻을 수 있음 작물이 생육기간 단축 및 노동력 절감
효율성	토양이 없는 곳에서도 재배가 가능하여 활용될 수 있는 공간의 범위가 넓어 도심에서도 가능 사용하는 물의 재사용으로 기후변화 대응(자연 증발량 수준의 수자원만 소모)

6.2 인공지능 아쿠아포닉스 정의

아쿠아포닉스는 양식 물고기의 분비물을 이용하여 식물을 키우는 수경재배 형식의 지속 가능한 농법으로, "양식과정에서 사육수 내에 발생한 각종 질산염과 각종 유기 오염물질들을 자연적인 박테리아의 탈질화[11] 과정을 통해 식물이 흡수하고, 이 과정을 통해 여과된 사육수를 다시 어류 양식에 활용하는 순환여과식 유기 식량 생산 방법"이다.

아쿠아포닉스는 수산양식 과정에서 물속에 유기 영양소를 자연스럽게 형성하여 식물에게 제공하고, 이를 식물이 흡수하면서 수질 정화와 함께 성장이 동시에 이뤄지는 생태계 순환을 이용한 재배방식으로, 상단은 식물을 하단에는 물고기 양식으로 구성된 작물시스템이다. 자연적으로 발생하는 미생물의 분해활동이 식물의 비료로, 물을 정화하는 기능으로 활용되어 친환경 생태계를 조성하는 형태이다.

---

11 토양이나 하수 중의 단백질의 최종산화물인 아질산성질소 또는 질산성질소가 질소기체로 환원되어 공기 중으로 방출·제거되는 현상.

인공지능 도시

아쿠아포닉스 장단점

표 3-23 아쿠아포닉스 장단점

구분	내용
장점	• 물고기가 사는 물을 정화하여 90% 이상 물 절약 가능 • 수경농작물은 물고기의 배설물을 영양분 이용하여 추가적인 투입 불필요 • 물고기를 수경농작물 재배 기간 동안 동시 사육하므로 농약이나 항생제의 사용 없이 환경 친화적 먹거리 제공 • 수상생물에서 발생하는 바이오메스를 식물이 성장 에너지로 사용
단점	• 아쿠아포닉스 수조, 펌프 설치 등 초기 설지비용이 높음 • 유지비용 과다(물고기 사료비, 추가 양분 공급) • 물순환용 전기 공급 필요 • 아쿠아포닉스에 대한 전문지식 필요

6.3 아쿠아팜 주요 기술

일반적으로 수경재배시스템은 점적관수방식의 수경재배, 담엑식 수경재배, 박막식 수경재배, 분무형 수경재배, 아쿠아포닉스 등 다양하지만, 아쿠아포닉스 관련 기술은 다음과 같다.

아쿠아포닉스는 양어 수조에서 물고기를 키우고, 박테리아는 어류 양식 과정에서 질산화작용을 하여 발생하는 암모니아와 아질산을 질산염으로 전환된다. 박테리아에 의해 생성된 질산염과 같은 영양분을 식물이 뿌리로 흡수를 하고, 식물의 영양분 흡수과정을 통해 정화된 물을 다시 양어 수조로 되돌아가서 어류양식을 하게 되는 구조이다. 다음 그림은 스마트 팜과 물고기 양식을 함께 운영하는 아쿠아포닉스 구조이다.

그림 3-36 아쿠아포닉스 구조

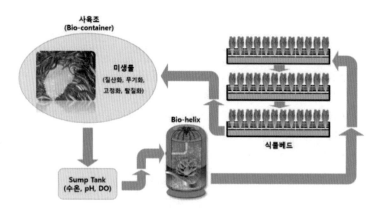

(출처: LOOKAPONICS)

아쿠아포닉스 물관리는 나노버블수를 사용하면 최대의 효율을 얻을 수 있다. 나노버블은 어류에서 생성된 미생물을 분해시키고 ph 농도(6.4 유지)를 조절할 수 있다.

표 3-24 인공지능 아쿠아포닉스 관리 대상

구분	내용
온도	수온이 기준치 이하로 내려갈 경우 박테리아의 생산성이 감소하여 질산화 변환 공정의 효율 저하(물고기가 발생하는 바이오메스 적정 처리 공정 최적 온도 약 17-34℃), 인공지능 기반 수온 측정 및 측정도구 2중화
전도도	염도 관리(전기전도도 최적 범위: 30-5,000us/cm), 인공지능 기반 염도 관리 자동화 필요
ph	적정 ph 관리(pH: 6.4 유지), 인공지능 기반 채소류 및 물고기 ph 요구사항 관리
용존산소	용존산소량은 5-6mg/L 관리, 인공지능 기반 용존 산소량 관리

인공지능 아쿠아포닉스 기술

인공지능 아쿠아포닉스는 재배작물의 다양화에 따른 양부 보충기술, 양식어종과 재배작물 특성 및 물고기 양식과 재배작물의 최적 생장을 위한 순환수 관리 기술 등에 인공지능 기술을 접목해서 자동화해야 한다.

표 3-25 대표적인 아쿠아포닉스 기술

구분	내용
CFS	물을 흘리는 수질관리, 물과 에너지 낭비가 많고 환경오염 문제
RAS	물을 정화하여 재사용, 물과 에너지 낭비가 적고 환경오염 최소화 초기비용부담(수질정화에 고가장비 필요).
BFT	미생물을 배양하면서 수질관리 배양된 미생물은 먹이로 활용하므로 사료 절감 및 환경오염 최소화 미생물 농도 관리에 어려움
나노버블	나노버블은 외적 압력 또는 표면/내부 장력의 균형이 깨질 때, 순간적인 공동화(Cavitation) 작용으로 폭발하여 다수의 OH 라디칼(OH Radical; 수산화기 OH-) 생성. 생성된 OH 라디칼은 강력한 산화작용으로 유해세균 또는 바이러스 세포막의 수소이온($H+$)과 결합하여 사멸(조직 파괴)시키고 물로 변환되는 친환경 살균 작용함. 나노버블 기술 적용 시 수질관리 및 식물 및 물고기 성장 관리 기여

6.4 사례

국립수산과학원

바이오플락(BFT) 기반 아쿠아포닉스 시스템으로 BFT 기반 기술이 세계적 추세는 아니지만 추가 인공양액의 보충이 필요 없고 생산성을 증가시킬 수 있는 많은 장점이 있어 기존의 아쿠아포닉스를 보완할 수 있는 기술로 국립수산과학원에서 2019년부터 연구하고 있는 기술이다. 바이오플락 기술은 양식수조에 오염물 분해능력이 뛰어나고 양식생물에 유익한 미생물을 함께 기르는 새로운 양식 기술이다. 미생물이 사료 찌꺼기나 배설물에서 발생되는 오염물을 분해하고, 물고기에 잡아 먹혀 단백질 등 양분을 공급한다. 수확량을 높여주고 물갈이도 거의 필요치 않아 물과 에너지를 절약할 수 있는 친환경 양식기술이다.

그림 3-37 바이오플락(BFT) 기반 아쿠아포닉스 시스템

(출처: 국립수산과학원 첨단양식실증센터)

경기도농업기술원

해양수산자원연구소와 공동연구를 통해 메기, 뱀장어, 새우, 비단잉어 등 다양한 어종을 이용한 엽채류와 과채류의 모델 개발 중이다.

그림 3-38 경기도형 아쿠아포닉스

(출처: 경기도농업기술원)

인공지능 도시

아쿠아포닉스코리아

아쿠아포닉스코리아는 IoT 기술을 적용하여 작물의 환경을 자동적으로 관리하여 유럽 포기상추인 버터헤드, 카이피라, 볼라레 등을 재배하고 있으며, 물고기 먹이와 배변찌꺼기로부터 발생하는 수질오염의 문제를 완벽하게 제어할 수 있는 기술을 보유하고 있다.

그림 3-39 아쿠아포닉스 구성도 1

(출처: 농업회사법인 ㈜아쿠아포닉스코리아)

Aquaponic Systems

Nelson and Pade, Inc.®의 Clear Flow Aquaponic Systems®는 과학적 연구와 20년 이상의 개발, 개선 및 운영을 기반으로 설계되었으며, 대규모 수경재배 식품 생산을 위한 맞춤형 시스템 패키지를 제공한다.

그림 3-40 아쿠아포닉스 구성도 2

(출처: https://aquaponics.com/aquaponic-systems/)

Aquaponic Source

식물은 발아, 이식, 완전 성장의 세 단계로 재배된다. 발아는 Growasis 4단 Nursery & Microgreen Systems 중 두 곳에서 이루어지고, 새로 싹이 튼 식물은 2'x16' Growasis Elevated 이식통으로 옮겨진다. 어류 시스템은 300갤런 어항 두 개가 AST Endurance 4000 Bead Filter, 미네랄화 시스템, 분리된 식물 및 어류 섬프 옆에 있다.. 모든 Flourish Farms와 마찬가지로 이 시스템은 분리할 수 있으므로 식물 및 어류 시스템이 서로 독립적으로 작동할 수 있다.

그림 3-41 아쿠아포닉스 구성도 3

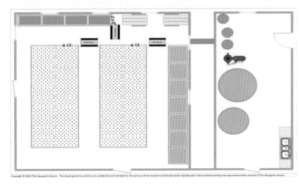

(출처: www.theaquaponicsource.com/portfolio-items)

인공지능 도시

참고문헌

[1] 이규하, 아쿠아포닉스와 수경재배의 연구동향, 2021

[2] 하헌주, 아쿠아포닉스의 국내 도입가능성에 관한 연구, 수산해양교육연구, 제29권 제4호, 통권 88호, pp. 1225-1234, 2017

[3] Simon Goddek, Alyssa Joyce, Benz Kotzen, Gavin M. Burnell. 2019

[4] https://aquaponicskorea.co.kr/Home

[5] https://mannacea.com/ko/main/salad_greens

[6] https://www.ywamemerge.org/oasystraining?gad=1&gclid

[7] https://aquaponics.com/aquaponic-systems/

[8] https://www.theaquaponicsource.com/portfolio-items/

[9] 친환경양식에 이용되는 이로운 미생물 바이오플락, 해양수산부

[10] 화우나노텍 https://fawoonanotech.com/189

7.

메타버스

7.1 개요

세계적인 디지털 대전환 추세 속에 도시의 수많은 데이터의 수집·처리·분석·시뮬레이션을 기반으로 도시문제를 해결하기 위해 디지털 트윈과 메타버스의 접목이 활성화되고 있다. 메타버스는 현실에서의 상호작용을 가상공간에 구현한 여러 가지 형태나 콘텐츠들을 통칭하는 신조어. 초월(beyond), 가상을 의미하는 meta와 세계를 의미하는 universe의 합성어이다. 가상세계로만 인식한 메타버스가 증강현실과 더불어 현실공간에 가상의 2D 또는 3D 물체가 겹쳐져 상호작용하는 환경을 구축하면서 도시 관리 영역에서 효율성이 증가하고 있다.

7.2 메타버스 정의

다양한 기관에서 메타버스 관련 정의를 내리고 있지만, 저자가 생각하는 메타버스의 정의는 다음과 같다.

메타버스는 가상과 현실이 융합된 공간에서
사람·사물이 상호작용하며 경제·사회·문화적 가치를 창출하는 세계

그림 3-42 엔비디아의 옴니버스(Omniverse) 플랫폼 및 활용

(출처: https://www.nvidia.com/ko-kr/omniverse/)

메타버스의 세계를 미국의 기술 연구단체(ASF: Acceleration Studies Foundation)는 증강현실, 라이프로깅, 거울 세계, 가상 세계 등 4가지 유형으로 구분했다.

표 3-26 메타버스 세계

구분	내용
증강현실	(정의) 현실 공간 위에 가상의 물체를 덧씌워 보여주는 모습 (특징) 가상 세계에 대한 거부감을 줄이고 몰입감을 높여줌 (활용) 차량 HUD, 구글글래스 (사례) 포켓몬고, 알함브람 궁전의 추억(드라마)
라이프로깅 세계	(정의) 사물과 사람에 대한 일상적인 경험과 정보를 캡처하고 저장 하고 묘사하는 기술 (특징) 센서, 카메라, SW 기술을 활용하여 사물과 사람의 정보 기록·가공·재생산 공유 (활용) 웨어러블 디바이스 (사례) 인스타그램, 페이스북
거울 세계	(정의) 실제 세계를 가능한 한 사실적으로 반영하되, 정보적으로 확장된 가상 세계 (특징) 3차원 가상지도, 위치식별, 모델링 (활용) 지도기반 서비스 (활용) 에어비앤비, 배달의민족, 구글어스
가상 세계	(정의) 현실과 유사하거나 대안적인 세계를 디지털 데이터로 구축 (특징) 아바타를 통해 현실 세계의 경제적, 사회적 활용을 유사하게 유지 (활용) 소셜 가상 세계 (사례) 제페토, 로블록스, 마인크래프트, 리니지, 퀘스트2

(출처: Smart, J.M., Cascio, J. and Paffendorf, J., Metaverse Roadmap Overview, 2007)

7.3 메타버스 기술

메타버스는 XR, AI, 데이터, 네트워크, 클라우드, 디지털 트윈, 블록체인 등 다양한 ICT 기술의 유기적 연동을 통해 구현한다. 따라서, 현실과 가상세계 간 경계가 허물어지며 일상생활과 경제활동 공간이 확장되고, 새로운 경제·사회·문화적 가치 창출을 촉진한다.

그림 3-43 메타버스 기술

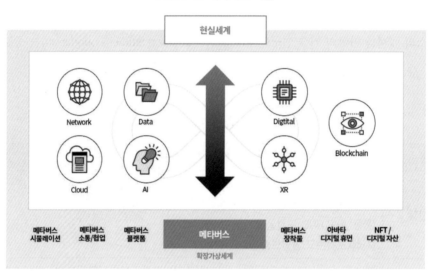

(출처: 메타버스 아카데미)

표 3-27 메타버스 5대 핵심기술

구분	내용
광역 메타공간	현실세계를 바탕으로 디지털 객체가 융합되어 공간적 제약 없이 사회문화, 경제적 활동을 지속할 수 있는, 메타 정보가 내재화된 디지털 공간 구상 기술
디지털휴먼	메타버스에서 사용자는 아바타로 표현되며, 다른 사용자 역시 아바타의 형상으로 표현되어 소통하는 기술
초실감미디어	카메라로 획득된 2차원 시점의 미디어 형식을 진화시켜 공간을 표현하는 공간미디어와 디지털화된 객체로 구성되는 객체미디어에 대한 핵심기술 필요
실시간 UI/UX	공간과 객체, 다른 사용자 아바타와의 상호작용은 사용자가 디지털을 체험하는 접점으로, 인간에 대한 이해를 바탕으로 편의성 향상을 위해 지속적인 연구개발 필요

인공지능 도시

분산 개방형 플랫폼	블록체인 등 탈중앙화 기술을 바탕으로 사용자의 신원을 증명하고 아바타로 표현되는 사용자의 신원을 확인 기술

(출처: TTA 저널 200호, 2022)

위세아이텍의 WiseMetaEngine은 메타버스 서비스 플랫폼에서 제공하는 제한된 메타버스 공간, 콘텐츠, 서비스를 넘어 표준적이고 탈중앙화된 개발 플랫폼을 제공함으로써 메타버스 서비스와 사이트 경험을 스스로 구현하고 관리할 수 있는 환경을 제공하여 기업과 기관이 독자적으로 메타버스 서비스를 개발하여 운영할 수 있는 엔진을 개발했다.

표 3-28 메타버스 시스템 주요 기능

구분	내용
메타버스 프레젠테이션	• 표준적인 웹 링크를 통한 메타버스 페이지 탐색 • 확장 현실 기반의 메타버스 페이지 렌더링 • 다중 사용자 기반 의사소통과 동기화 지원 • 웹 애플리케이션들, 동영상 등의 기존 웹 콘텐츠의 손쉬운 재사용
메타버스 콘텐츠 관리	• 메타버스 콘텐츠 등록, 검색, 메타버스 페이지 제작 • WYSIWYG 기반의 메타버스 사이트 관리
메타버스 동적 콘텐츠 구성	• 모듈화된 메타버스 콘텐츠 자산을 동적으로 조합 • 메타버스 프레젠테이션에 맞는 콘텐츠 스트리밍
관리 기능	• 메타버스 사이트 관리, 인증 및 권한 관리, 메타버스 사이트 분석

7.4 메타버스 주요 활용 분야

메타버스는 제조, 서비스, 공공, 라이프, 커뮤니케이션, 미디어 분야 등 전 산업 분야에 적용할 수 있다.

표 3-29 메타버스 활용 분야

구분	내용
제조	제조, 건설, 조선 등 산업 현장의 설계 운영 관리 위한 XR 서비스
서비스	교육, 유통, 물류, 전시 등 B2B 서비스 제공을 위한 XR 서비스
공공	국방, 소방, 행정 등 공공분야 XR 서비스
라이프	쇼핑, 전시, 공연, 커머스, 금융, 헬스케어, SNS 등을 위한 XR 서비스
커뮤니케이션	원격회의, 협업 등 원격 사용자 간 실감나는 XR 서비스
미디어	방송미디어 창작, 유통, 소비에서 활용하는 3차원 융합미디어 서비스

(출처: www.rapa.or.kr)

세종특별자치시

세종시 6-2 생활권 도시계획을 확장가상세계(메타버스)를 통한 2.5D의 가상 공간으로 조성하고, 시민들이 직접 캐릭터를 통해 가상공간을 체험할 수 있도록 해 이해도를 높인 사례로, 체험과 이해를 바탕으로 도시계획에 대한 아이디어도 직접 제시할 수 있도록 하는 새로운 방식의 도시계획 관리방안을 시범 추진한다.

그림 3-44 6-2 생활권 조감도

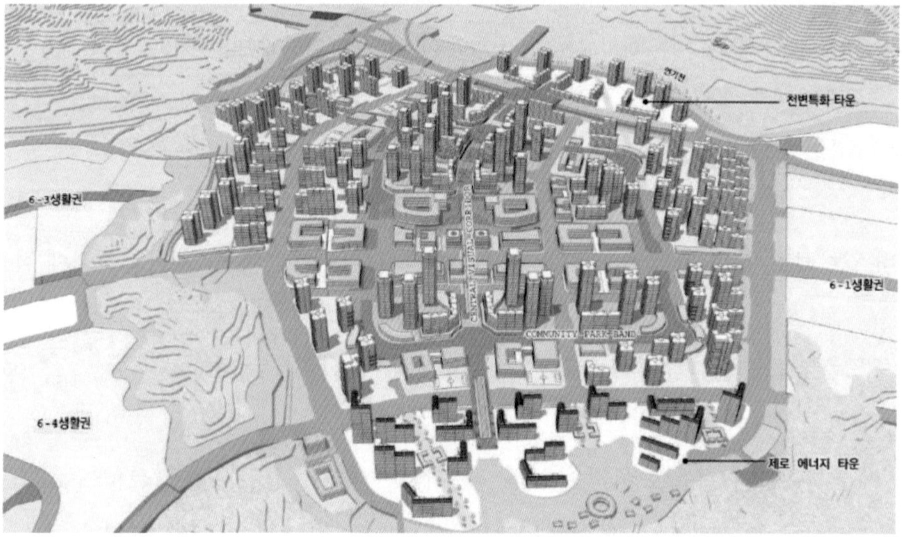

(출처: 세종시)

인공지능 도시

참고문헌

[1] 김상균, "메타버스", 플랜비디자인, 2020

[2] 권창회, 스마트시티기반의 메타버스(Metaverse)를 통한 도시문제해결 방안에 관한 연구, Vol. 14 No. 1, pp. 21-26, 2021

[3] 남현우, XR 기술과 메타버스 플랫폼 현황, 방송과 미디어, Vol. 26 No. 3, pp. 30-40, 2021

[4] 석왕헌, 메타버스 비즈니스 모델 및 생태계 분석 전자통신동향분석, Vol. 36 No. 4, pp. 81-91, 2021

[5] 이현우, "빅데이터로 살펴본 메타버스(Metaverse) 세계", KOCCA포커스 통권 133호, 2021

[6] 정준화, "메타버스(metaverse)의 현황과 향후 과제", 국회입법조사처, 2021

[7] 조영호 외, "라이프로깅 데이터를 이용한 소셜 네트워크 그룹 생성 시스템", 한국HCI학회 논문지, 13-19, 2017

[8] 최준영, 공간빅데이터 기반의 도시활동 체계 시뮬레이션, 대한국토·도시계획학회 추계학술대회, 2021

[9] Smart, J.M., Cascio, J. and Paffendorf, J., Metaverse Roadmap Overview, 2007

[10] 한상열, "메타버스 플랫폼 현황과 전망", Future Horizon, 2021

[11] Smart, J.M., Cascio, J. and Paffendorf, J., Metaverse Roadmap Overview, 2007

[12] Zheng, Z., Xie, S., Dai, H., Chen, X. and Wang, H., "An Overview of Blockchain Technology: Architecture, Consensus, and Future Trends", 2017 IEEE International Congress on Big Data(BigData Congress), 2017, 557-564

[13] Nakamoto, S., "Bitcoin: A Peer-to-Peer Electronic Cash System", 2008

[14] http://wise.co.kr/product/metaversePlatform.do

[15] http://www.jungwoo.or.kr/webzine/2021_12/a1.html

8.

인공지능 로봇

8.1 개요

인공지능 기술과 자율주행, 로봇공학의 지속적인 발전은 다양한 영역에서 로봇기술의 활용 및 수요를 확대시키고 있다. 특히, 저출산·고령화로 인한 산업구조 대응과 제조, 의료, 농업, 자원 탐사, 보안 등 우리 삶의 밀접한 영역에서 그 사용이 증대되고 있다.

인공지능 기술에 관심 있는 기업들은 산업현장에서 인공지능 로봇을 사용하여 근로자 안전 강화, 생산성 및 효율성 향상, 품질 및 정확성 향상 효과를 얻고 있다. 이러한 흐름을 가장 빠르게 파악하고 움직이는 글로벌 기업은 구글이다. 구글은 '에브리데이 로봇 프로젝트(Everyday Robots Project)'를 통하여 서비스 로봇을 만들고 있다. 국내에서는 뉴로메카를 중심으로 산업 및 제조업 분야에 협동로봇을 중심으로 시장을 확대하고 있다.

그림 3-45 대화형 인공지능 바드

(출처: https://robotics-transformer2.github.io/)

보스턴 다이내믹스는 스팟이 코로나 19 병동과 같은 위험한 환경에서 유용한 파트너가 되어줄 수 있음을 입증한 바 있으며, 활용범위가 다양하다.

그림 3-46 보스턴 다이나믹스 4족 로봇 스팟미니

8.2 정의

인공지능(AI) 로봇이란 "자신이 환경 내부에 있는 센서로 받아들인 환경 정보를 원하는 작업을 활동하기 정보를 추출하고 이를 기반으로 최선의 행동을 관계없이 배우거나, 생성할 수 있는 로봇" 이라고 정의할 수 있다.

표 3-30 인공지능 로봇 기능

구분	주요내용
로봇 공학 및 머신 러닝	머신 러닝은 AI 로봇의 학습 능력과 작업 수행 능력을 점진적으로 향상시키는 데 중요한 역할. 로봇용 머신 러닝을 통해 로봇은 실시간 데이터와 경험을 통해 획득한 상황별 정보를 활용하여 새로운 학습 경로와 기능을 개발할 수 있음
자연어 처리(NLP)	NLP(자연어 처리)는 로봇이 인간이 발화하는 언어를 이해하도록 지원하는 인공 지능의 한 유형

대화형 AI	AMR을 탑재한 대화형 AI 또는 휴머노이드 로봇의 사용 목표는 인간과 컴퓨터 간의 상호 작용을 더욱 인간적으로 만드는 것. 로봇은 모든 상호 작용을 통해 대화를 포착하고, 이를 처리 및 응답하고 다음 상호 작용 예측 학습

8.3 기술적 특성

기존의 산업용 로봇의 경우 고정된 위치에서 단순 반복적인 작업에 적합하게 개발되어 사용하고 있지만, 좀 더 지능화된 작업의 경우 컴퓨팅 파워가 높지 않아서 영상을 분석하여 패턴이나 사물을 인식해내고, 이를 기반으로 필요한 판단을 내리지는 못했다. 그러나 GPU 기반으로 인공지능 기술을 이용하면 카메라, 센서를 통해 수집되는 데이터에 대해서 빠른 병렬연산이 가능하기 때문에 인공지능 로봇을 가능하게 한다.

그림 3-47 구글 딥마인드

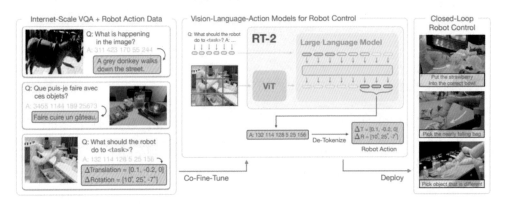

(출처: https://deepmind.google/)

인공지능 기반 로봇은 실시간으로 반응할 수 있는 카메라, 센서(2D/3D 카메라, 진동 센서, 근접 센서, 가속도계, 및 기타 환경 센서를 포함한 비전 장치), 구동체, 이를 분석하는 인공지능 학습 알고리즘으로 구성된다.

물류로봇

물류기업은 물동량의 급증에 따른 인력의 관리 및 충원 문제를 해결하기 위해 4차 산업혁명 기

인공지능 도시

술(AI, 빅데이터, 자율주행, IoT)을 활용하여 입출고, 보관, 피킹, 이송, 포장, 라스트마일 배송 등을 자동화하였고, 전반적인 물류 프로세스를 디지털로 전환하기 위해 인공지능 기술과 물류 로봇 도입하였다.

표 3-31 물류로봇 분류표

구분	주요내용
공장물류용	• 원료, 재공품, 최종 제품 등의 공장 내 이동, 차량 적재 • 생산 공정 외 공구, 소모품 등의 공급
물류창고용	• 오더 피킹(Order picking)을 위한 상품 상·하역 • 이송, 핸들링, 분류, 포장, 출고 및 재고관리
일반 옥내용	• 병원 및 호텔, 사무실, 공공장소 등 대형건물에서의 물품운반
옥외배달용	• AGV, 드론 등을 이용한 택배서비스. 운송용 AMR(Autonomous Mobile Robot, 트럭, 밴 등)을 이용한 화물 운송

(출처: 한국로봇산업진흥원)

그림 3-48 오토스토어 시스템 R5

(출처: https://ko.autostoresystem.com/system/robots)

협동로봇

그림 3-49 인공지능 로봇

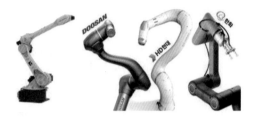

배달로봇

주행용 바퀴 6개를 달고 있으며 최대 시속 6.4㎞까지 속도를 낼 수 있으며, GPS와 카메라를 장착해 스스로 장애물을 인식해 회피할 수 있다.

그림 3-50 배달로봇

창고자동화

그림 3-51 보스턴다이내믹스의 '스트레치'

(출처: https://bostondynamics.com/)

스마트 팜

그림 3-52 자율 농업 로봇

(출처: https://industrywired.com/)

참고문헌

[1] 변순용, 인간, 기술 그리고 건축-AI로봇기술의 변화와 건축서비스산업, 환경철학, No. 24, pp. 77-93, 2017

[2] 글로벌 로봇산업과 한국의 현황, 2022

[3] https://www.fki.or.kr/main/news/

[4] Diligent Robots Case Studies

[5] https://everydayrobots.com/

[6] https://zdnet.co.kr/

[7] https://robotics-transformer2.github.io/

[8] https://bostondynamics.com/

[9] https://ko.autostoresystem.com/system/robots

[10] https://industrywired.com/

[11] https://ko.daedong.co.kr/innovation/smartfarm

9.

인공지능 도시건축

9.1 개요

인공지능의 지속적인 발전은 도시 및 건축에서 매우 유용하다. 인공지능이 도시개발 단계에서부터 건축 설계 단계까지 적용되면 프로세스를 훨씬 단축시킬 수 있다. 도시계획 전문가에 의존하는 도시현황 분석 및 환경영향평가, 교통영향평가를 비롯하여 건축 설계 시 설계 도면을 보고 자료를 분석하는 작업은 많은 시간이 요구된다. 따라서 업무 효율성이 떨어진다.

따라서, 생성형 인공지능을 도시개발 및 건축에 적극 활용하는 사례가 증가하고 있다. 오토데스크는 스페이스메이커(Spacemaker)를 인수하여 클라우드 기반 인공지능과 제너레이티브 디자인(generative design) 소프트웨어를 제공하고 있다. 스페이스메이커는 부동산 개발 초기 단계에 적용돼, 도시 블록 전체에 걸쳐 100개에 이르는 기준[예: 지역 설정(zoning), 조망, 일광, 소음, 바람, 도로, 교통, 열섬, 주차 등]을 분석할 수 있다.

기존의 인공지능 기술은 건축 설계를 완벽하게 지원하지는 못한다. 토지가 가진 다양한 법률적 특성과 차별화된 디자인을 요구하는 건물의 요청이나 법률 적용을 반영하지 못했다. 또한, 건축물의 구조, 설비, 공법, 소방, 전기, 통신 등의 세부 도면에 대한 수정과 연동이 되지 않아서 건축가의 개입이 많이 요구되었다. 하지만, 지금은 많은 부분이 개선되고 있다.

9.2 기술적 특성

오토데스크

스페이스메이커의 윈드 모델링(wind-modeling) 기능은 사람들의 편의를 위한 설계를 개선하기 위해 컴퓨터 유체 역학을 사용해, 건물들이 바람의 방향을 어떻게 돌리는지 분석한다. 소음 기능은 교통이나 기타 원인으로 인한 소음 수준을 예측할 수 있다.

그림 3-53 스페이스메이커의 세 가지 관점. 조감도: 소음 분석

(출처: www.autodesk.com/kr/)

• Stable Diffusion(AI 이미지 생성기)

Stable Diffusion AI 소프트웨어는 건축 AI 소프트웨어 중 대표적인 소트트웨어이다. 이 소프트웨는 사실적인 이미지를 생성하고 기존 이미지를 편집하기 위한 오픈 소스 AI 시스템이다. 수백만 개의 이미지-텍스트 쌍에 대해 훈련된 딥러닝 모델을 사용하며, 텍스트 프롬프트가 주어지면 Stable Diffusion은 설명과 일치하는 이미지를 생성한다. Stable Diffusion은 GitHub에서 사용할 수 있다 소스 코드와 모델 가중치를 다운로드하려면 "Download ZIP"을 선택해서 다운로드 받으면 된다(github.com/CompVis/stable-diffusion).

• 텐일레븐

BUILDIT 소프트웨어를 통하여 입력 필지에 법규를 만족하면서 용적률, 세대 수, 일조량을 최대화하는 인공지능 건축설계 솔루션 및 쉽고 빠른 고품질의 인테리어 디자인 도구도시, 기상정보 시각화 기술, 지형공간정보기반 통합 환경시뮬레이터를 개발하였다.

9.3 사례

스페이스 워크

스페이스워크는 AI 건축 프로그램인 랜드북 프로그램 엔진을 활용하여 '최대한의 수익이 기대되는 가장 효율적인 건물'의 기본 모델을 찾고 있다. 이 프로그램에서 동작하는 엔진은 유전 알고리듬보다 진화한 심층강화학습 기술로 작동한다. 바둑 AI 알파고처럼 규칙과 조건에 따라 스스로 문제 해결책을 찾아내며 데이터베이스를 구축하는 방식이다.

그림 3-54 임대주거용 건물 시안 투시도 예시

(출처: 스페이스워크의 인공지능(AI) 건축설계 프로그램 활용)

• 현대건설

현대건설은 AI기반 3D설계 솔루션 전문기업인 ㈜텐일레븐(대표 이호영)에 지분 투자했다. 2014년 설립된 ㈜텐일레븐은 사업지의 지형, 조망, 건축 법규 등을 분석해 최적의 공동주택 배치설계안을 도출하는 AI 건축자동설계 서비스를 제공하는 스타트업으로, 건설사, 설계사, 시행사를 대상으로 사업을 점차 확대하고 있다.

그림 3-55 AI 건축자동설계 솔루션 스타트업, 텐일레븐

(출처: https://www.hyundai.co.kr/news/)

• 미드저니 AI 이미지 생성기

미드저니는 텍스트로 된 설명문으로부터 이미지를 생성하는 인공지능 프로그램으로, DALL-E와 비슷하다. 미드저니는 디스코드 봇을 통해서만 액세스할 수 있으며, 봇에게 직접 메시지를 보내거나 봇을 제3자 서버에 초대하는 방식으로도 액세스할 수 있다. 이미지를 생성하려면 사용자는 /imagine 명령을 사용하고 프롬프트를 입력한다. 그런 다음 봇은 4개의 이미지 세트를 반환한다. 그런 다음 사용자는 확대하려는 이미지를 선택할 수 있다.

인공지능 도시

미드저니는 영어로 텍스트를 입력하거나 이미지 파일을 삽입하면 인공지능이 알아서 그림을 생성해 준다. 아래 그림은 시드 드루 디자이너가 AI 이미지 생성기인 미드저니를 이용해 만든 건축 디자인 사례이다.

그림 3-56 신세틱 아키텍처 드림(Synthetic Archtecture Dream)

(출처: 디자인붐)

참고문헌

[1] 강인성, 최근 건축분야의 인공지능 기계학습 연구동향: 국내·외 연구논문을 중심으로, 대한건축학회 논문집 제33권 제4호(통권 제342호), pp. 63-68, 2017

[2] 김인한, 설계 서비스 향상을 위한 AI기반 건축설계 평가자동화기술, 대한건축학회, Vol. 65 No. 9, pp. 42-45, 2021

[3] 김승욱, 가로주택 정비사업에서 인공지능의 활용에 대한 연구: 의정부시의 현황을 사례로, 한국부동산법학회, Vol. 24 No. 4, pp. 55-82, 2020

[4] 김정희, AI 소프트웨어는 건축과 디자인에 어떤 변화를 가져올까, 2022

[5] 남유진, AI, IoT 그리고 건축, 건축 제63권 제7호(통권 제482호), pp. 16-16, 2019

[6] 문현준, 인공지능과 결합된 스마트빌딩, 스마트도시, 대한건축학회, Vol. 63 No. 7, pp. 17-19, 2019

[7] 박경식, 인공지능(Artificial Intelligence) 기반 건축물 기본요소의 화재 영향 분석 및 유사도 측정 모델, 시립대 석사논문, 2019

[8] 이용주, 인공지능 기술의 전문가 시스템을 활용한 BIM 기반 친환경 건축 설계지원에 관한 연구, 한양대 박사논문, 2019

[9] 이제승, 친환경 도시설계를 위한 인공지능 알고리즘, 도시정보 12월호 no. 453, pp. 43-46, 2019

[10] 정인섭, 건축담론-건축의 미래, AI가 대신 할 수 없는 것, Korean architects, no. 605, pp. 18-19, 2019

[11] 천수경, AI를 활용한 한국 건축의 발전 가능성 연구-StyleGAN을 활용한 뉴 타이폴로지 제안, 대한건축학회 2022년도 춘계학술발표대회논문집 제42권 제1호(통권 제77집), pp. 197-200, 2022

[12] https://www.hyundai.co.kr/news/

[13] https://www.1011.co.kr/#about

[14] https://www.designdb.com/

[15] https://www.buildit.co.kr/landing

[16] https://ko.wikipedia.org/wiki/Midjourney#cite_note-economist2-1

10.

인공지능 건강도시

10.1 개요

"건강한 도시가 건강한 국가를 만든다." 레온시의 헥터 로페즈 시장이 한 말이다. 초고령화 시대의 국가는 다양한 의료정보를 블록체인으로 관리하고 이를 기반으로 도시민의 건강한 삶이 지속하도록 케어할 필요가 있다. 이러한 기반은 인공지능 도시 기반 건강도시 플랫폼에서 나온다.

건강도시 플랫폼은 클라우드 서비스 기반으로 데이터를 수집 및 분석하고 관리하는 하며 실시간 의료정보를 이용할 수 있는 인공지능 플랫폼 기반과 연계된다. 위급한 상황에서는 언제 어디서나 비대면 진료가 가능하고, 본인인증 시 처방이 가능하다.

이러한 시스템은 지역인구소멸이 가속화되는 도시에서부터 적용될 것이다. 특히 농어촌 지역은 초고령화 인구 증가로 인하여 심각한 상황에 처해 있다. 이러한 도시는 지역 담당 의사를 설정하고 주민들을 관리하는 인공지능건강 주치의 제도를 도입하여 책임 진료를 해야 한다.

10.2 정의

WHO는 건강도시 정의를 다음과 같이 했다. 도시의 물리적, 사회적 환경을 개선하고 지역사회의 모든 구성원이 상호 협력하여 시민의 건강과 삶의 질을 향상시키기 위해 지속적으로 노력해 가는 도시(WHO, 2004)이다. 이러한 건강도시의 정의에 기반하여 인공지능 건강도시의 정의는 다음과 같다.

인공지능 건강도시는 깨끗하고 안전하며, 질 높은 도시의 물리적 환경을 지속 가능한 생태계로 유지하면서, 인공지능 기술을 이용하여 개개인의 건강한 삶을 케어하고 모든 시민에 대한 적절한 공중보건 및 맞춤형 치료서비스로 높은 수준의 건강과 낮은 수준의 질병발생을 예측하고 치유해 주는 도시이다.

10.3 기술적 특성

DAMA LAB

DAMA 데이터는 메디에이지 데이터와 여러 종합 검진 기관으로부터 수집된 실제 연구 자료를 가지고 있는 연세의료원 바이오뱅크를 중심으로 맞춤형 건강솔루션을 제공한다.

표 3-32 DAMA LAB 주요 기술

기관	정의
PHI 분석 데이터	PHI(Personal Health Index) 분석 데이터는 건강 검사 결과, 심리 검사 결과를 관리하기 위해 메디에이지 분석을 처리하는 나이, 기대수명 데이터로 정보주체를 위해 수많은 비식별 동작을 제공
위험도 분석 DATA	위험도 분석 데이터는 일부 발생 위험도, PHI 데이터와 마찬가지로 수집된 데이터를 빼고 메디에이지 분석 솔루션을 제외하고, 암, 발생 위험도 데이터로 정보주체를 처리할 수 있는 비식별 작업을 제공
연세의료원 바이오뱅크	2004년에서 2013년까지 전국 18개 종합 건강 검진 센터에서 연구목적으로 기부한 약 16개의 건강 검진 자료와 바이오 샘플로 배치 전향적 코호트 연구 데이터로 국내 최대 규모의 훌륭한 데이터로 구성되어 있음

(출처: https://www.damalab.ai/)

그림 3-57 연세의료원 바이오뱅크

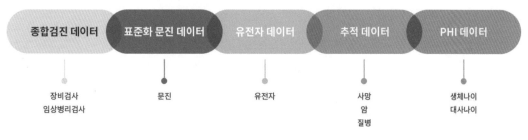

(출처: https://www.damalab.ai/)

바이오센서를 활용한 미래의료 기술

지속적으로 진화하는 인공지능과 X의료 기술을 중심으로 다양한 나노바이오센서를 활용하여 개인건강을 일상적으로 모니터링하고 개인의 의료정보를 분석하여 사전에 질병을 예측한다.

그림 3-58 바이오센서 등을 활용한 미래의료 체계

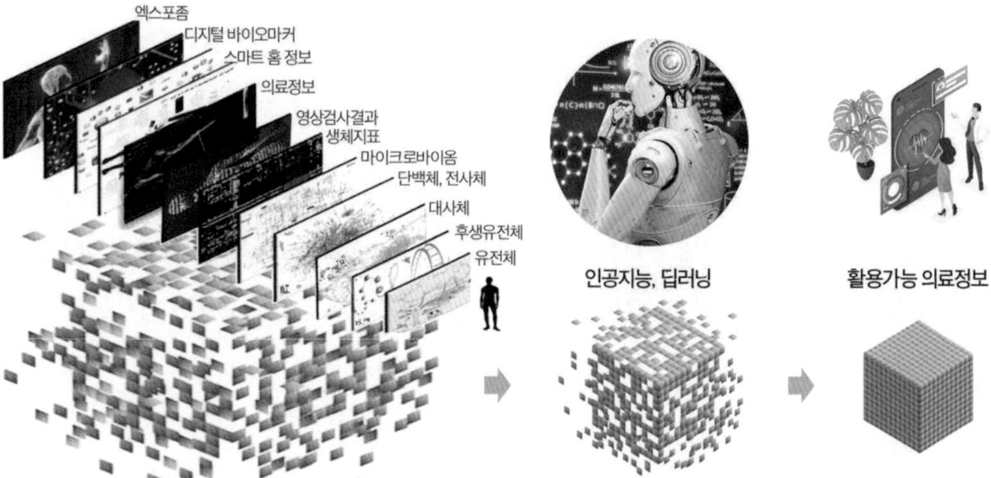

(출처: https://www.themedical.kr/news/)

바이오인터페이스

인공지능 기술은 나노-바이오기술 기반의 바이오인터페이스 센서와 밀접한 관계를 갖는다. 바이오인터페이스기술(Biointerface)은 나노, 마이크로 크기의 생체분자, 세포, 조직과 같은 우리 몸의 구성물질들을 다양한 유무기 나노소재 또는 소자에 응용하여 생체 신호를 정성, 정량적으로 측정, 분석 및 제어하는 융복합 기술이다.

표 3-33 바이오인터페이스 기술

기관	내용
개인 맞춤형 나노진단 기술	NT와 BT분야의 융합기술인 개인 맞춤형 나노진단 기술은 질병의 진단 분야에서 나노기술을 적용함으로써 현재 의료기술이 가지고 있는 기술적 한계를 극복하는 대표적 융합기술
전주기 통합형 진단 플랫폼 기술	유전자/단백질/종양세포의 복합 생체물질의 특성을 동시에 측정할 수 있는 바이오나노센서 핵심 요소 기술로서, 생체 복합신호 분자에 대해 전처리/분리/검출을 하나의 칩에서 구현하는 3차원 바이오나노 기술
나노바이오 생체영상 기술	신체의 질병검측을 위한 체외진단, 체내진단 기술, 대기/토양/수자원/음식물 등 인간과 밀접한 환경의 유해인자 검측기술, 인간 질병을 치료하기 위한 각종 기술과 나노기술을 융합하여, 측정/진단 수준을 혁신하고, 치료의 효율을 극대화하는 기술
나노바이오 테라노시스 기술	하나의 시스템 안에 진단과 치료를 위한 기능을 동시에 포함하기 때문에, 진단, 치료, 치료효과모니터링을 동시에 진행하는 기술

(출처: http://www.kvs.or.kr/file/story/180604presentAndFuture)

지아이비타

지아이비타는 대표적인 헬스케어 스타트업으로 헬스케어 서비스 '로디(ROTHY)'를 기반으로 맞춤형 건강관리하고 있다. 개인별 스마트 폰 웹에서 수집된 사용자의 데이터인 수면, 걸음, 체성분 등 라이프로그 데이터를 기록하고 하루 세 가지 건강 미션을 제공, 건강한 습관을 만들도록 지아이비타가 분석해 올바른 생활습관을 기르고 개선점을 알려 준다.

10.4 사례

AI · IoT 기반 어르신 건강관리사업

정부에서 추진하는 어르신의 허약정도 및 건강행태에 따른 비대면 건강관리를 제공하는 사업으로, 어르신용 오늘건강앱과 다양한 디바이스를 활용하여 어르신 맞춤의 전문적 건강관리서비스 실시한다.

표 3-34 AI · IoT 기반 어르신 건강관리사업

기관	정의
목적	보건소 방문건강관리사업 운영 노하우 및 AI·IoT 기술 활용 보건의료접근성이 떨어지는 노인 대상의 지속 가능한 비대면 어르신 건강관리서비스 모형 개발·운영
법적근거	지역보건법 제11조(보건소의 기능 및 업무)
사업연혁	2020년 7월~: 정부 디지털 뉴딜 정책에 따른 사업 추진 * 1차(26개소), 2차(53개소, +29개), 3차(84개소, +31개), 4차(139개소, +53개) 선정·운영 2021년: 이달의 뉴딜(대한민국정부 주관) 선정(5월), 앱어워드 코리아2021 공공서비스 부문 수상 2022년: 정부 국정과제 포함(110대 과제 중 45번), 인터넷 에코어워드 분야대상 수상
주요 사업 안내	어르신 친화적 건강관리 APP '오늘건강' 개발, 적용 및 다양한 디바이스 도입 어르신의 허약정도 및 건강행태에 따른 분야별 전문가 비대면 건강관리서비스 실시
사업 대상	보건복지부, 한국사회보장정보원, 지방자치단체, 관련 전문가, 국민

(출처: 한국건강증진개발원)

참고문헌

[1] 김승인·신한나, "고령화 사회의 신노년층을 위한 도심형 실버타운의 서비스 디자인 연구", 디지털 디자인학 연구, 제12권, 제2호, pp. 495-504, 2012

[2] 김문일, 바이오인터페이스 기술의 현재와 미래, Volume 5 Issue 1, Vacuum Magazine, pp. 18-22, 2018

[3] 갈환환, 치유개념을 적용한 실버타운 환경 디자인 연구, 상명대 박사논문, 2022

[4] 김은정, 도시계획학 연구에서 도시건강학회의 역할, 도시건강연구, Vol. 1 No. 1, pp. 22-24, 2022

[5] 김영현, 건강도시사업에 대한 거주자 인식과 물리적 환경 개선요소에 관한 연구, Vol. 18 No. 4, pp. 57-73, 2017

[6] 고려대학교 4단계 BK21 러닝헬스시스템 융합교육연구단, 스마트 건강도시와 디지털헬스케어, 한국엔터테인먼트산업학회 학술대회 논문집, pp. 36-44, 2023

[7] 손은경, "국내 도심형 실버타운 현황 및 전망", 국민은행 금융지주 경영연구소, 2014

[8] 문봉일, 초고령사회 스마트 헬스케어 서비타이제이션 디자인에 관한 연구, 영남대 박사논문, 2019

[9] 임은영·황연숙, "도시형 실버타운 공용공간의 배치 및 공간특성에 관한 연구", 한국공간디자인 학회논문집, 제6권, 제1호, pp. 65-73, 2011

[10] 이한유, 미래 응급의료 변화 예측 및 법제도 개선방안: 4차 산업혁명 관련 과학기술에 대한 전문가 델파이를 중심으로, 연세대 보건대학원 석사논문, 2020

[11] 이빛나, 건강도시 활성화 관점에서 바라본 '도시의 힘', 도시건강연구, Vol. 2 No. 1, pp. 22-24, 2023

[12] 이경환, 건강도시 계획 요소의 국제간 비교 연구: 동·서양의 건강도시 사례를 중심으로, 한국도시설계학회지 제8권 제4호, pp. 5-18, 2007

[13] 황석준, 국제교역, 팬데믹, 도시 건강과 경제학, 도시건강연구, Vol. 1 No. 1, pp. 13-19, 2022

[14] 한국건강증진개발원, AI·IoT 기반 어르신 건강관리서비스 경제성 평가 연구, 2023

11.

인공지능 관광도시

11.1 개요

4차 산업혁명 시대의 기술의 발전은 다양한 산업분야의 디지털전환을 이루어 왔으며 관광 분야에서도 스마트 관광에 이에 인공지능 관광으로 진행하고 있다. 한국관광공사에서는 대한민국 구석구석 웹을 통하여 관광지를 빅데이터 기반 AI 추전을 해 주고 있으며 만족도가 매우 높다.

그림 3-59 한국관광공사 대한민국 구석구석

(출처: https://korean.visitkorea.or.kr/main/main.do)

특히, AI 콕콕 플래너를 활용하면 맞춤형 여행코스를 자동으로 만들어 계획적인 관광을 즐길 수 있다.

그림 3-60 AI 콕콕 플래너

(출처: https://korean.visitkorea.or.kr/main/cr_main.do?type=abc)

11.2 정의

한국관광공사를 중심으로 ICT기반의 웹과 플랫폼, 편의서비스를 적극 추진해 왔다. 스마트 관광이 관광산업에 디지털 전환을 추진해 왔지만, 여행정보의 불확실에 대한 한계점으로 관광객이 많은 불편을 겪었다.

표 3-35 스마트 관광

구분	내용
구철모	스마트 도시 인프라에 ICT 기술을 이용하여 관광객들 간의 공유가치 형성이 가능하고 이를 통해 상호혜택을 제공하는 지능화된 관광 서비스
김경태	여행의 모든 단계에 여행정보에 접속이 가능, ICT 기술을 이용하여 정보를 수집, 의사결정을 하며 SNS 등에 여행경험을 남기는 여행

이러한 스마트 관광의 이슈들을 인공지능 관광에서 해결할 수 있으며 인공지능 관광도시 정의는 다음과 같다.

"개인 맞춤형 인공지능 플랫폼에서 여행 관련 사항을 실시간으로 확인이 가능하고 여행과 관련된 이해관계자들은 적극 참여하여 해당 지역의 여행정보를 오픈하고, 지자체는 지속 가능한 관광 도시를 유지하기 위해 지속적으로 인공지능 인프라를 추가하고 유지하는 도시."

11.3 기술적 특성

인공지능 여행플래너 서비스

많은 관광분야 기업들이 인공지능 관광 플랫폼은 맞춤형 여행 스케쥴링으로 서비스에 많은 투자를 하고 있다. 특히 인터파크는 '트리플' 웹을 통하여 인공지능이 개인 취향에 따라 여행일정을 자동으로 만들어 준다. 이 웹은 AI 기술을 기반으로 이용자의 취향과 관심을 반영한 최신 여행 정보와 상품, 서비스, 일정을 추천해 주는 국내 대표 초개인화 여행 플랫폼이다. 또한, 트리플 웹은 GPT와 연동해 일자별로 방문지의 특징부터 맛집과 관광명소 등 상세 여행 계획을 요약해 설명해 준다.

그림 3-61 인공지능 여행 스케쥴링, 트리플

(출처: https://interparktriple.com/)

스마트업 기업 ㈜엠와이알오(MYRO)는 여행자들이 보다 편하고 정확하게 일정을 만들 수 있도록 인공지능 기반의 여행 스케줄링 플래너 마이로를 서비스하고 있다. 여행을 준비하는 과정은 매우 복잡하고 많은 시간이 소요되지만 수많은 데이터 분석 등의 고도화를 통하여 여행의 시작부터 끝까지 여행자들과 함께한다.

그림 3-62 인공지능 여행 스케줄링

생성형 AI(Generative AI)를 활용한 챗봇

생성형 AI는 글자와 이미지뿐만 아니라, 다양한 미디어를 생성하는 인공지능이다. 여행업계는 개인 맞춤형 여행 정보를 제공을 위해서 생성형 AI(Generative AI)를 활용한 챗봇 등을 도입하고 있다.

관광 플랫폼

• 1단계: 스마트관광 플랫폼

한국관광공사는 스마트 관광 5대 핵심요소로 스마트 경험(VR, AR, MR, 홀로그램), 스마트 편의(디지털 사이니지 등), 스마트 서비스(챗봇, 로보틱스 등), 스마트 모빌리티(자율주행, MaaS 등), 스마트 플랫폼(인공지능, 데이터분석 등)을 선정하고 다양한 사업들을 지원하고 있다.

그림 3-63 스마트관광 플랫폼

스마트 경험	스마트 편의	스마트 서비스	스마트 모빌리티	스마트 플랫폼
최근 기술(AR,VR 등) 활용 자연문화·역사 등 관광 매력 극대화	여행지 정보 제공(여행경로추천) 식당·체험 등 실시간 예약 및 결제 지원	다국어번역·불편신고·짐 배송/보관 등 관광지 현장의 불편에 대한 신속 대응	도시 간 이동 및 퍼스널모빌리티 (공유 자동차·수요반응형 버스 등) 2차 교통수단의 제공	스마트관광도시 내 다양한 서비스를 지원 및 데이터의 수집·공유·활용 등을 지원
관광 콘텐츠 +	**관광 인프라** +	**관광 안내** +	**관광 정보** +	**관광 교통** +
VR/AR체험, 미디어 파사드, 홀로그램, 디지털 사이니지	스마트 오더, 숙박, O2O, 쿠폰/마일리지, 지역화폐, 스마트여행추천, 키오스크, 공공 와이파이	스마트관광 안내 짐 배송/보관, 다국어번역 불편신고 및 관광후기	공유 모빌리티, 차량호출 서비스, 지역특화 모빌리티, 통합 교통서비스	통합모바일플랫폼, 스마트예약 결제, 지도관광정보(POI), 데이터플랫폼
관광 매력 증진	관광 일정 관리	관광 품질 개선	관광 정보 공유	방문 범위 확대

(출처: 한국관광공사)

스마트관광은 차별화된 ICT 기술로 관광객이 보다 편리하고 비용효율적인 관광을 하도록 유도하여 관광객, 관광종사업, 지역사회가 상호 협력하여 지속 가능한 관광도시로 개발하는 데 마중물 역할을 하였다.

• 2단계: 인공지능 관광플랫폼

관광산업의 지속적인 성장을 위해서는 관광객들의 욕구 충족뿐만 아니라 지역주민의 적극적인 참여로 새로운 일자리 창출로 지역관광 경쟁력 강화, 차별화된 프로그램으로 내외국인 관광객에 대한 배려가 필요하다. 또한, 경유형 관광에서 체류형 관광으로 빠르게 변화하여 지방소멸을 대응하고 경제를 활성화에 기여해야 한다.

이를 위해서는 공공기관이 보유한 사회적 자원(관광 데이터)를 관광객 및 분야 기업이 효율적으로 이용할 수 있는 인공지능 관광플랫폼을 구축하고 상호 연계하여야 한다.

표 3-36 인공지능 체류형 관광플랫폼

구분	내용
AI 플랫폼	빅데이터 분석을 통한 고객별 맞춤형 관광 상품 제공 및 서비스 연계
GIS	인공지능 기반 관광객의 이동경로 패턴 분석으로 시간 낭비 최소화
교통	관광객 동선에 따른 교통편의 서비스 제공
서비스 로봇, 드론	서비스 로봇, 드론 관광지별 맞춤형(여행 물품, 음식배달 등) 서비스
안전	지능형 CCTV를 통한, 기존 범죄자 사전 파악 및 위급상황 대응
숙박	관광지 내 실시간 숙박 예약 및 취소
생활	체류관광객을 위한 맞춤형 편리 서비스 제공(음식, 세탁, 쇼핑, 반려견, 병원연계)

참고문헌

[1] 구철모, 4차 산업혁명과 스마트관광도시, 한국관광정책 제65호, pp. 65-72, 2016

[2] 구철모, 모빌리티와 관광 그리고 스마트 도시, 한국관광정책 제75호, pp. 76-85, 2019

[3] 김경태, 정보통신기술(ICT) 기반 "스마트관광 서비스" 활성화 방안, 한국관광정책 제62호, pp. 65-77

[4] 김효경, 4차 산업혁명시대의 스마트관광도시 발전 방안, pp. 254-255, 2018

[5] 김희영, 개인 맞춤형 관광 서비스 플랫폼 모델에 관한 연구, The Society of Convergence Knowledge Transactions, Vol. 8 No. 1, pp. 41-50, 2020

[6] 최은희, 국내 스마트관광 사례분석과 시사점, 월간 KIET 산업경제 Vol. 228, pp. 49-57, 2017

[7] 구철모, 모빌리티와 관광 그리고 스마트 도시, 한국관광정책 제75호, pp. 76-85, 2019

[8] 전상현, 스마트관광을 활용한 순천 도시관광 활성화 방안 연구, 한국지역개발학회 학술대회, pp. 453-467, 2016

[9] 이윤정, AI 시대의 스마트관광, AI와 인간사회 제2권 제1호, pp. 5-24, 2021

[10] 시니어 관광 활성화 실행 전략, 한국관광공사, 2015

[11] 오훈성, 고령층 국내관광 활성화 방안 연구, 한국문화관광연구원, 2018

[12] https://www.myro.co.kr/

단행본

정환·박지운, AI 관광사업의 이해, 대왕사, 2021

12.

인공지능 물류

12.1 개요

인공지능(AI) 기술의 빠른 발전은 전 산업의 디지털전환을 견인하고 있으며 특히 물류 분야에 활용이 확대되고 있다. 물류산업은 자율로봇 및 협동로봇, 자율주행 물류트럭 및 드론등과 연계 중이다. 인공지능은 수요 예측 기반 배송 최적화 등 인간의 개입과 상황판단에 의존해 온 작업을 대신하고 있다.

그림 3-64 CJ올리브네트웍스의 AI로지스틱스

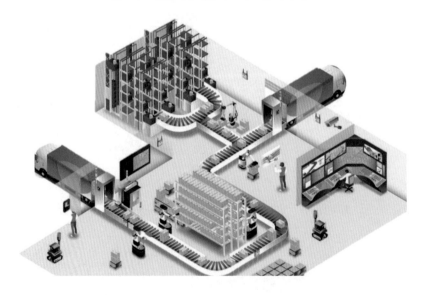

12.2 정의

인공지능 물류는 물류비용 절감 및 물류의 효율성 재고를 위해 AI, 빅데이터, IoT, 5G 기술을 활용하여 물류 시스템을 자동화하고, 제품의 정확한 수요 및 재고 예측이 가능하고 입출고 상태에 대한 정보를 실시간으로 제공한다.

12.3 기술적 특성

물류분야 글로벌기업인 아마존은 유통, 보관, 운송 분야에 걸쳐 다양한 마케팅 전략으로 글로벌 물류시장을 선점하고 있다.

표 3-37 아마존 물류 플랫폼

구분		내용
유통	Amazon Dash	인터넷이나 모바일에 별도로 로그인할 필요 없이 대쉬 버튼만 누르면 특정 제품의 주문부터 결제, 배송에 이르는 모든 프로세스가 자동 처리
	Amazon go, fresh, style	아마존 고(go)는 계산대에서의 결제 과정을 생략한 채 매장에 들어가 상품을 집어 들고 매장을 그냥 걸어 나가면 결제까지 자동으로 이루어지는 오프라인 상점
	AmazonEco	에코 스피커를 통해 음성주문 시 동일한 규격의 제품에 대해 온라인이나 모바일로 주문하는 것보다 에코를 통해 주문하면 더 저렴하게 구매
	AmazonBasics	아마존 go에 들어선 고객들의 행동패턴 등을 분석, 생필품, 사무용품, 의류, 주방용품, 충전케이블 같은 가전제품까지 수천 개 상품 생산 및 중단결정
보관	FBA(Fulfillment by Amazon)	미국 내에 약 233개의 풀필먼트 센터, 83개의 선별센터, 약 400개의 배달 스테이션 운영
	Amazon Direct Fulfillment	드랍쉬핑(Drop Shipping) 주문 처리 프로그램, 주문이 발생하면 제조사에게 오더를 넣어 제조사가 직접 고객에게 배송
	Chaotic Storage	휴먼 에러를 최소화로 고객만족도 증가
	디지털 물류 트윈	엔비디아의 옴니버스로 디지털 물류 트윈 구축

운송	Amazon Flex	미국 내 50개 도시에서 플렉스 서비스를 운영, 지역 소매상점에서 직접 상품을 수령 받아 고객에게 전달하는 다이렉트 풀필먼트형 위탁 배송
	Amazon Air	화물항공사를 설립하여 20대의 항공기를 리스하고 운송 서비스 실시
	자율주행배달 로봇	배송비용 절감, 라스트마일 서비스

이러한 아마존의 움직임에 다양한 물류회사들은 물류운송의 생산성 및 원가 절감을 위해 선제적으로 인공지능 기술을 도입하고 있다.

표 3-38 물류운송 인공지능 기술 도입

구분	내용
DHL	클라우드 기반 공급체인망 관리 플랫폼 "Resillence360" 내에 AI(ML: 기계학습, NLP: 자연어 처리)를 활용하여 30만개 이상의 온라인 소스를 분석하여 위험 요소를 사전에 인지하여 리스크 관리
Fedex	마이크로소프트 Azure AI를 활용, 택배 전달의 최적 경로 도출에 활용하고, 릴라이어블 로보틱스(Reliable Robotics)와 협력하여 자율비행을 적용한 비행기 개발 추진
UPS	고생(Gaussin)과 협력하여 자율주행 전기트럭과 물류 창고 내 스왑바디용(차량 적재함을 서로 교체 가능한 자동차) 자율주행차 도입 테스트

물류로봇

3D Vision 및 다관절로봇을 이용하여 다양한 형태와 크기의 박스를 팔렛에서 내려 컨베이어 벨트로 옮겨주어, 작업자의 업무 부하를 경감시키고 물류 생산성을 향상시킨다.

그림 3-65 물류프로세스별 CJ대한통운 물류자동화 기술

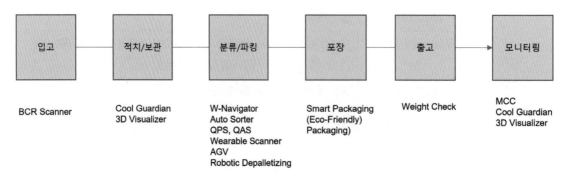

이 그림은 물류센터에 인공지능 기술(딥러닝, 머신 러닝, 자율로봇, IoT)을 활용한 예이다.

물류자동화

물류자동화는 오토스토어, RHR(RightHand Robotics), 셔틀랙, DPS로 구성된다.

• 오토스토어

오토스토어는 Pcs, Box 단위 상품을 자동으로 보관/출고 하는 AS/RS (Automated Storage and Retrieval System)으로, 로봇이 적재된 빈(토트박스) 중 상품이 담긴 빈을 작업자가 있는 포트로 전달하여 작업자가 피킹/핸들링 후 출고하는 솔루션이다.

• RHR(RightHand Robotics)

RHR의 RightPick은 낱개 상품의 피킹(pick)과 배치(place)를 하는 다관절 피킹 솔루션이다. 불규칙적으로 나열된 상품을 피킹하는 프리피킹 기능을 가지고 있으며 AI머신러닝을 통해 피킹 성능과 정확도를 실시간으로 진화시켜 나아가고 있다. 오토스토어, AS/RS(Automated Storage and Retrieval System)와 연계하여 GTR(Goods-to-Robot)을 할 수 있고 작업자와 협동 작업 또한 가능하다.

• 셔틀랙

셔틀랙은 각 층별로 배치된 다수의 셔틀을 이용해 요청된 주문의 상품이 담긴 Pcs/Box 단위의 토트박스를 피킹하여 출고시키는 AS/RS(Automated Storage and Retrieval System)이다. 작업자 GTP(Goods-to-Person) 스테이션을 구축하여 핸들링/출고작업과 연동 가능하다.

• DPS

DPS(Digital Picking System)는 WMS에 입력된 주문정보를 기반으로 피킹해야 할 제품의 수량을 디지털 표시기에 표시하여 빠르고 정확하게 피킹 작업을 할 수 있도록 돕는 솔루션이다.

그림 3-66 아세테크 물류자동화

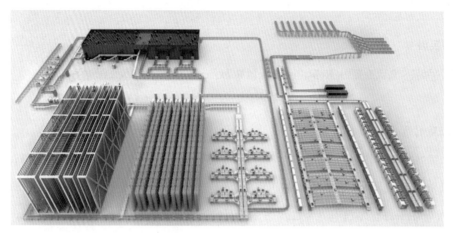

(출처: http://www.asetec.co.kr)

인공지능 물류 플랫폼

파스토 풀필먼트는 이커머스 플랫폼 연동으로 400여 개 쇼핑몰 주문 수집부터 출고까지 자동화가 자동으로 이루어지는 플랫폼이다.

그림 3-67 파스토 풀필먼트

(출처: https://about.fassto.ai/)

인공지능 도시

솔루게이트는 AI 기반 글로벌 E-커머스 물류 플랫폼물류 플랫폼 쉽게이트에서 음성 인식 기술을 적용한 Voice Commerce 서비스, AI 기반 개인화 서비스와 보이스봇 서비스를 제공한다.

그림 3-68 솔루게이트의 AI 기반 글로벌 E-커머스 물류 플랫폼

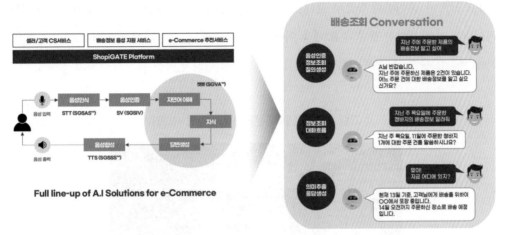

(출처: http://www.solugate.com/)

• 카카오 i 라스

카카오 i 라스는 배송 주문 등록부터 화물 추적관리, 물동량 조회 등 배송관리 솔루션이다.

그림 3-69 카카오 I 라스

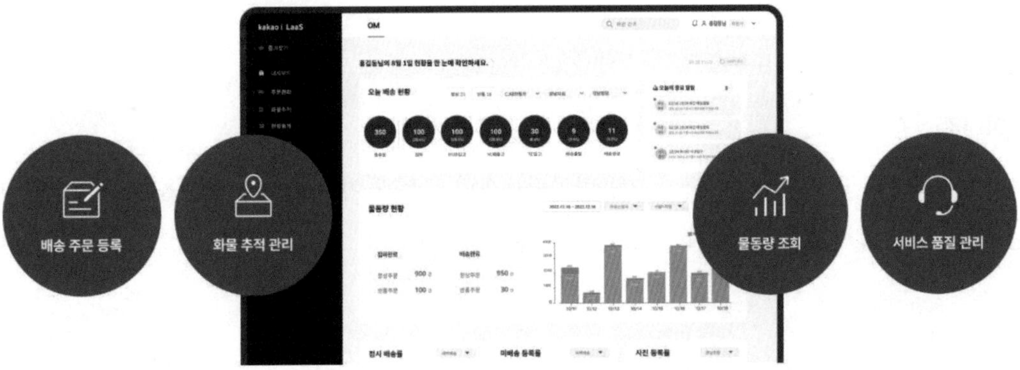

(출처: https://kakaoilaas.com/solution-introduction)

12.4 사례

CJ 대한통운

TES(Technology, Engineering, System & Solution의 약자) 혁신물류기술을 통해 물류 자동화를 선도하고 있으며, 네이버의 클로바 포캐스트[CLOVA Forecast: 쇼핑 데이터와 AI 기술력을 바탕으로 네이버가 자체 개발한 물류 수요 예측 인공지능(AI) 모델]를 활용하여 네이버 쇼핑 주문량을 하루 전에 예측할 수 있어, 주문 예측치에 맞춰 물류센터에 적정 인력을 미리 수급하고 있다.

그림 3-70 CJ대한통운의 e-풀필먼트 시스템

(출처: https://www.cjlogistics.com)

아마존

아마존의 경우 물류창고에 소형 무인운반차량(AGV) 로봇과 이동식 창고 선반을 결합한 물류창고로봇을 개발하여 물류 현장에 확산하고 있다.

그림 3-71 아마존 풀필먼트 시스템에서의 물류로봇

(출처: https://logistics.amazon.com/)

티라로보틱스

티라로보틱스는 AMR(자율이동 로봇)을 사용해 제품 운반, 분류, 재고 관리 등 다양한 작업을 수행하며 물류 작업의 효율성과 정확성을 향상시키고 있다.

그림 3-72 티라로보틱스 물류로봇

(출처: https://www.thirarobotics.com/)

DHL

물류 창고 내 패키지 이동을 담당하는 자율주행 로봇, 패키지 및 상품 정리용 로봇 팔, 3D 상품 스캔 기술 등 다양한 로봇과 인공지능 기술을 도입하고 있다.

그림 3-73 디에이치엘(DHL)의 물류 박스 정리 로봇

(출처: DHL)

symbotic

인공지능(AI)가 탑재된 로봇에 의해 개방형 공간 탐색 및 위치 파악 능력을 기반으로 정확한 순서와 완벽한 타이밍으로 물건을 옮기고 배치하거나 포장하도록 지시한다.

그림 3-74 symbotic사의 AI 물류 로봇

(출처: symbotic)

인공지능 도시

참고문헌

[1] 김창봉, 우리나라 제3자 물류 기업의 IT 역량 요인들과 사업성과 간의 관계 연구, 물류학회지, pp. 59-80, 2012

[2] 로봇신문, 아마존, '스카우트' 로봇 배송 시험 확대, 2020

[3] 물류동향, 엔비디아 '옴니버스' 플랫폼을 이용한 물류 디지털 트윈 사례, 2022

[4] 물류동향, 데이터 기반의 Order Picking, 2021

[5] 물류동향, "배송 방식이 바뀌고 있다" 2020 글로벌 전자상거래 이슈, 2020

[6] 손정수, 4차산업혁명에 따른 물류혁신 기술에 관한 연구: 삼성 SDS의 물류플랫폼 사례를 중심으로, e-비즈니스 연구 제20권 제5호, pp. 111-123, 2019

[7] 신현주, 국내 물류플랫폼의 동향과 시사점에 관한 연구, 무역금융보험연구, Vol. 21 No. 2, pp. 141-151, 2020

[8] 허성호, 물류 인공지능을 위한 필수조건, 물류 디지털 전환과 빅데이터, KISDI AI Outlook Vol. 7, 2021

[9] https://www.cjlogistics.com/ko/newsroom/latest/LT_00000210

[10] https://www.thirarobotics.com/

[11] https://logistics.amazon.com/

[12] https://www.symbotic.com/

[13] https://www.dhl.com/global-en/home.html

제 4 장

인공지능 도시통합운영센터

1.

개요

도시통합운영센터는 스마트도시 조성 및 산업진흥법에 근거하여 다음과 같이 정의한다. 도시통합운영센터의 정의는 각종 CCTV의 관제기능을 통합, 연계하고 지능형 교통정보 시설물을 운영하여 효율적으로 도시자원을 관리함으로써 시민들에게 도시정보를 실시간으로 제공하고 범죄 및 재난, 재해 발생 시 유관기관과 신속하게 합동 대응하여 시민의 생명과 재산을 보호하는 안전도시의 기반시설을 말한다. 그러나, 인공지능 도시통합운영센터는 인공지능 기술을 기반으로 도시기반시설, 교통, 방범, 방재, 환경 등 각종 도시정보를 수집하여 이를 통합적으로 분석하여 빠른 의사결정을 하도록 지원한다.

현재는, 우리나라를 비롯하여 선진국가들은 기존의 도시통합운영센터를 기반으로 교통 및 CCTV 데이터 수집 및 분석에 GPU를 기반으로 인공지능 분석 알고리즘을 적용하는 수준이지만, 몇 년 후면 대부분의 도시통합운영센터가 인공지능 도시통합운영센터로 변화할 것이다. 특히, 지자체의 경우 앞에서 기술한 다양한 AI 솔루션을 지역 특성에 맞추어서 융복합적으로 적용할 경우 구축 및 운영예산절감이 기대된다.

1.1 데이터센터 인프라의 표준

가장 널리 채택되고 있는 데이터센터 디자인/데이터센터 인프라 관련 표준은 ANSI/TIA-942이다. 여기에는 ANSI/TIA-942 준수 인증 표준이 포함된다. 이 표준은 데이터센터 디자인/인프라가

인공지능 도시

리던던시(redundancy) 및 내결함성 수준의 등급을 지정하는 4개 데이터센터 범주 중 하나를 준수하는지를 확인한다.

그리고 EN 50600: 국제 표준이 있다. 지속적인 개발에 있어 국제 데이터센터 표준 시리즈는 EN 50600 시리즈이다. 이 표준의 많은 측면은 UI, TIA 및 BCSI 표준을 반영한다. 시설 등급은 1-4의 가용성 등급을 기준으로 한다. 표준은 다음과 같이 분류된다.

- EN 50600-1 일반 개념
- EN 50600-2-1 건물 건설
- EN 50600-2-2 배전
- EN 50600-2-3 환경 제어
- EN 50600-2-4 통신 케이블 링 인프라
- EN 50600-2-5 보안 시스템
- EN 50600-2-6 관리 및 운영 정보 시스템

Uptime Institute(데이터센터 설계 및 운영 등에 대한 국제인증 기업)에서 제정한 데이터센터의 등급 분류 체계가 있다. Tier I~Tier III로 분류하는데 Tier III가 가장 경제적이다.

Tier I 기본 사이트 인프라. 계층 1 데이터센터는 물리적 이벤트를 제한적으로만 방지할 수 있다. 이 데이터센터에서는 구성 요소의 용량도 한 가지이고 배포 경로도 이중이 아닌 하나이다.

Tier II 시설은 이중 용량 구성 요소 사이트 인프라. 이 데이터센터는 물리적 이벤트를 계층 1 데이터센터보다 효율적으로 방지할 수 있다. 이 데이터센터에서는 구성 요소 용량은 이중으로 제공되지만 배포 경로는 이중이 아닌 하나이다.

Tier III 동시 유지 관리 가능 사이트 인프라. 사실상 모든 물리적 이벤트를 방지할 수 있는 이 데이터센터에서는 구성 요소 용량이 이중으로 제공되며, 독립 배포 경로도 여러 개 제공된다. 따라서 최종 사용자에게 서비스를 계속 제공하면서 각 구성 요소를 제거하거나 교체할 수 있다.

Tier IV 내결함성 사이트 인프라. 최고 수준의 내결함성과 리던던시(redundancy)를 제공하는 데이터센터이다. 구성 요소의 용량이 이중으로 제공되며 독립 배포 경로도 여러 개 제공되므로 여러 구성 요소를 동시에 유지 관리할 수 있다. 또한 설치 위치 내의 구성 요소 하나에 결함이 있어도 다운타임은 발생하지 않는다.

표 4-1 Uptime Institute 데이터센터 등급분류

Tier Requirement	Tier I	Tier II	Tier III	Tier IV
Source	System	System	System1 normal + 1 alternate	System + System 2 simultaneously active
Distribution path	1	N+1	N+1	Minimum of N+1
Redundancy	No	No	Yes	Yes
Compartmentalization	No	No	Yes	Yes
Concurrently maintainable	No	No	No	Yes
Fault tolerant (single fault)	Many + human errors	Many + human errors	Some + human errors	None + fire and EPO
Single point of failure	99.67%	99.75%	99.98%	99.99%

(출처: https://uptimeinstitute.com/tiers)

인공지능 도시

2.

인공지능 도시통합운영센터 구성

2.1 H/W 부문

건축

기존 도시통합운영센터는 공원 또는 자체건물을 많이 사용했지만, 지자체 내 타 부서와 함께 근무하는 복합건축물로 구축한다.

표 4-2 평택시 스마트시티통합운영센터

구분	내용
규모	건축연면적 1,800.38㎡ 부지 2,545㎡
주요 시설	CCTV 통합관제실, 전산장비실, 관람실, 사무실, 교통관제센터
CCTV 관제	방범, 불법주정차단속, 쓰레기무단투기단속, 재난재해

그림 4-1 평택시 스마트 도시통합센터

(출처: 평택시)

상황실

24시간 관제하는 특성상 시각적으로 뛰어난 화면 몰입감을 즐길 수 있으며 어떤 공간에서도 멋진 비디오 월 연출이 가능하다.

그림 4-2 상황판 비디오 월

(출처: CUDO)

그림 4-3 상황판 비디오 월 예시

(출처: CUDO)

• **비디오 월 구성**

　• 0.44㎜ 베젤로 더 완벽해진 화면 몰입감

　• 색 균일도를 통해 생동감 있고 역동적인 화질

• 강력한 스마트 사이니지 플랫폼, 사용하기 쉬운 스마트 사이니지 UX

그림 4-4 비디오 월

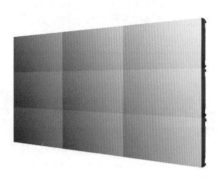

(출처: CUDO)

미디어 서버

윈도우 기반의 멀티스크린 미디어 플레이로서 대형 LED 미디어 월에 다양한 콘텐츠 및 고해상도 영상소스 표출 가능하다.

• **구성**
- 직관적인 사용자 인터페이스, 캔버스 타입의 화면 구성으로 복합적인 화면 연출
- 다양한 영상, 이미지 포맷 재생 및 NDI, SDI, HDMI 외부입력 재생
- 재생전환 효과, 영상/이미지 색감 조정 기능의 Effect 연출
- 표준 프로토콜 OSC, MIDI 프로토콜 등을 통한 외부 제어기능 제공

인공지능 DCIM(Data Center Infrastructure Management)

DCIM은 데이터센터에 특화된 솔루션으로 데이터센터 초기 구축비용보다 운용 비용에 대한 부분이 증가함에 따라 관리를 통해 운영에 대한 Cost를 최소화하고, 안정적인 자산관리를 위한 솔루션이다. 기존 DCIM에 인공지능 기능을 추가하여(서버 탑재) 실시간 감시로 즉각적인 장애감지와 사전 장애예측을 통한 대형사고를 예방하여 전사시스템의 365일 24시간 무정지/무중단 서비스가 지속될 수 있도록 지원하는 시스템을 구성할 수 있다.

그림 4-5 인공지능 DCIM

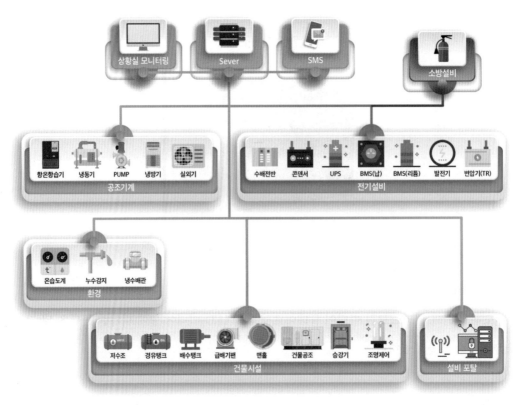

(출처: 아이커머)

CCTV 영상서버(예시)

표 4-3 CCTV 영상서버 주요 사양

구분		내용(기본사양)
영상통합	영상중계메인 DB 서버	• Intel Xeon 10C E5-2630 v4 85W • 2.2GHz*2ea 이상, 최신 운영체제 포함
	영상스트리밍 서버	• Xeon Processor • E5-2620v4(2.10GHz/20M/8.0GT/SQPI/8C)*2ea, 최신 운영체제 포함
	AI GIS 서버	• Xeon Processor • E5-2620v4(2.10GHz/20M/8.0GT/SQPI/8C)*2ea, 최신 운영체제 포함
	영상중계 서버	• Xeon Processor • E5-2620v4(2.10GHz/20M/8.0GT/SQPI/8C)*2ea, 최신 운영체제 포함

	영상중계 플랫폼	• 영상 스트리밍, 사용자 관리, GIS • AII-기능 포함 등
	DBMS	• Multi-Process, Multi-thread, 표준 • SQL 규격 및 ODBC,JDBC 등 표준 I/F 지원
영상 시스템	DID MONITOR	• 55인치, LED(IPS), 브라켓 포함, 15m DVI케이블
영상분석	AI 영상분석서버	• 16채널 PC타입 지능형 영상분석 서버, 딥 러닝 기반 인공지능 시스템에 최적화된 GPU 가속기 장착 고성능 서버(최대 4개 GPU, 3U 폼 팩터)

네트워크 및 보안 부문(예시)

표 4-4 네트워크 및 보안 부문 주요 사양

구분		내용(기본사양)
네트워크 및 보안 부문	L3 스위치	• 1/10G SFP+ 24포트, GBIC 포함, 전원이중화 제공
	서버팜 스위치	• 6슬롯이상 지원,10/100/1000 24포트 이상, 전원 이중화 제공
	L4 스위치	• 2Gbps 이상의 Application 처리, 1G • SFP 4개 이상
	통합보안 시스템(UTM)	• F/W, IPS, VPN 지원, 10/100/1000 • 4포트 이상, CC인증제품
	L3 스위치	• 10/100/1000Mbps 24포트 이상, 전원 이중화 제공
	망 연계시스템	• 망 연계 구간 단일장비 기준 • 900Mbps 이상 성능, CC 인증(EAL3 이상) 취득
	랙	• 2200이상, 19인치 표준랙
	AI 보안	• NVIDIA DOCA™ 원격 분석 또는 FortiGuard AI 기반 보안 서비스

통합 플랫폼 하드웨어(예시)

표 4-5 통합 플랫폼 주요 사양

구분		내용(기본사양)
통합 플랫폼	AI 통합 플랫폼 S/W	통합관제, 통합운영, 통합연계, 통합 DB, 커스터마이징 등
	서비스	119, 112 긴급 출동지원, 112센터 긴급영상지원, 사회적 약자 서비스

통합관제/운영/연계 서버	CPU 2.6GHz 10Core(2CPU) 이상, 32GB 이상 Memory, 1TB*4ea 이상 HDD(내장)
통합DB/GIS 서버	CPU 2.6GHz 10Core(2CPU) 이상, 32GB 이상 Memory, 1TB*4ea 이상 HDD(내장)
운영체제	서버용 윈도우 OS
스토리지	6TB*10ea 7.2K SAS 2.5 Inch HDD, 8Gb FC Adapter Pair
운영단말	CPU: i7-6700, 메모리: 8GB, HDD: 500GB*1 이상, 그래픽카드: 1G 이상, OS 포함
모니터	LED모니터: 24인치, 1920*1080 이상
연계서비스 지원 서버	CPU 2.6GHz 10Core(2CPU) 이상, 32GB 이상 Memory, 1TB*4ea 이상 HDD(내장)
웹서버	CPU 2.6GHz 10Core(2CPU) 이상, 32GB 이상 Memory, 1TB*4ea 이상 HDD(내장)
서버 백신	Windows Server용 백신
WAS 소프트웨어	J2EE 1.4 이상 지원, Load balancing, Multi Fail Over
웹 운영엔진	HTTP 1.1, 가상호스트 지원, Multi threading, SSL, HTTPS
DBMS	Multi-Process, Multi-thread, 표준 SQL 규격 및 ODBC, JDBC등 표준인터페이스 지원
L3 스위치	10/100/1000Mbps 8포트 이상, 전원 이중화 제공
망연계시스템	망 연계 구간 단일장비 기준 900Mbps 이상 성능, CC 인증(EAL3 이상) 취득
랙	2200 이상, 19인치 표준랙

공조시스템

데이터센터는 대용량 전기를 사용한다. 따라서 에너지 절감을 위해서는 공조시스템은 신뢰성, 효율성, 유연성을 기반으로 구성한다.

• 공조시스템 요구조건

표 4-6 공조시스템 주요 사양

구분	내용
신뢰성	24시간 365일 운전되는 데이터센터는 공조시스템을 통해 서버발열을 신속하게 제거하지 못하면 서버 과열로 인해 연속운전이 불가능
효율성	데이터센터에서 소비되는 에너지의 30% 이상은 서버의 발열을 제거하기 위해 사용되므로 공조시스템의 효율성을 증가시켜 에너지비용을 절감시켜야 함
유연성	서버의 추가 및 변경이 빈번하게 발생하므로 장비 발열부하 변동에 따른 신속한 대응성이 요구

(출처: Johnson Controls 재구성)

• 에너지 절감 솔루션

표 4-7 에너지 절감 요구 사항

구분	내용
고효율 항온항습기 적용	• EC 팬 모터 적용 장비 고려, EC 팬은 AC 팬에 비해 25% 모터 효율 높음 • 직팽식의 경우 BLDC 인버터 압축기, 전자식 팽창 밸브 사용 • 프리쿨링 모드에서 운전 가능한 직팽식 항온항습기 적용
직접/간접 프리쿨링 공조기 적용	• 외기를 직접 도입하는 프리쿨링 공조기를 적용할 경우, 공기 측 이코노마이저 적용으로 에너지는 절감이 가능하나 외기 직접 도입에 따른 필터 처리가 필요하여 팬 소비 동력이 증가할 수 있어 외기의 공기질에 따른 효용성 검토 요구 • 간접 프리쿨링 공조기를 적용할 경우 외기를 도입하여 포화증발시켜 냉각한 후 이를 고효율 판형 열교환기를 통해 급기열을 빼앗아 에너지 절감 실현

(출처: Johnson Controls 재구성)

• 프리쿨링 공조기

프리쿨링 공조기는 물의 증발 잠열을 이용한 간접증발 방식을 이용한 에너지 절감형 공조기이다.

표 4-8 프리쿨링 공조기

구분	내용
프리쿨링 운전 (겨울)	판형 열교환기만을 사용하여 냉방 부하를 처리하는 모드로 에너지 효율 가장 우수
증발 냉각 운전 (봄, 가을)	판형 열교환기와 증발냉각 패드를 사용하여 냉방부하를 처리하는 운전모드
추가 냉방 운전 (여름)	여름철 냉방부하 처리를 위해 판형 열교환기, 증발냉각 패드 이외에 추가로 DX코일 또는 냉수 코일을 운전하는 모드

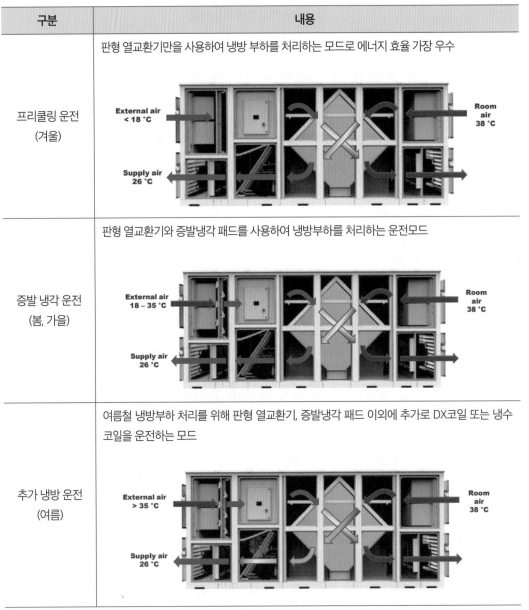

(출처: Johnson Controls 재구성)

• **바닥공조시스템**

데이터센터용 바닥공조시스템은 서버발열 처리를 위한 최적의 풍량을 제공한다.

인공지능 도시

표 4-9 데이터센터용 바닥공조시스템

구분	내용
데이터센터용 디퓨저 (SmartAire)	데이터센터의 엑세스 플로어에 설치되는 고풍량의 변풍량 디퓨저, 댐퍼는 온도 조절기 혹은 제어장치의 신호에 따라 풍량 조정 
데이터센터용 단일 팬파워 유니트 (PowerAire)	데이터센터의 엑세스 플로어에 설치되는 고풍량의 팬파워 유니트. EC 가변속팬으로 온도 조절기 혹은 제어장치의 신호에 따라 풍량 조정 
데이터센터용 다중 팬파워 유니트 (PowerAireQuad)	데이터센터의 엑세스 플로어에 설치되는 고풍량의 팬파워 유니트, 4개의 EC 가변속팬으로 온도 조절기 혹은 제어장치의 신호에 따라 풍량 조정 

(출처: Johnson Controls 재구성)

친환경 솔루션

아래 그림은 페이스북의 클로니 데이터센터로 100% 풍력 발전으로 움직이는 친환경 데이터센터의 대표적인 곳이다.

그림 4-6 페이스북의 클로니 데이터센터 조감도

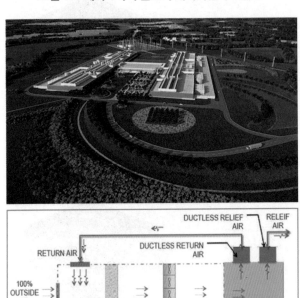

2.2 S/W 부문

인공지능 도시통합센터는 도시에서 수집된 데이터를 인공지능 알고리즘으로 분석하여 실시간 시각화를 한다(GIS에 존재하는 다양한 오브젝트의 색상, 크기, 레이어 등을 제어하고 각종 요소를 실시간적으로 표현).

그림 4-7 웹 대시보드 전환

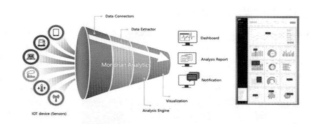

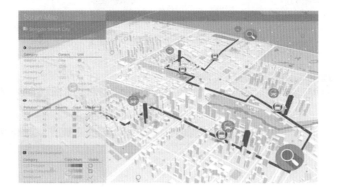

(출처: mondrian)

도시에서 발생하는 각종 데이터를 수집하여 시민들이 한눈에 볼 수 있는 서비스를 제공한다.

- 도시 환경 정보: 지역 날씨, 바람, 습도, 온도
- 빌딩 정보: 빌딩별, 지역별 에너지 사용량, 탄소 배출량
- 도시 공기질: SO7, NO2, O3, CO, PM10, PM25 등
- 버스/차량 이동 경로, 주차장, 정류장 정보
- 실내 센서: 혼잡도, 실내 공기질, 조도, 에너지 사용

인공지능 도시 통합플랫폼

그림 4-8 인공지능 도시 통합플랫폼 흐름도

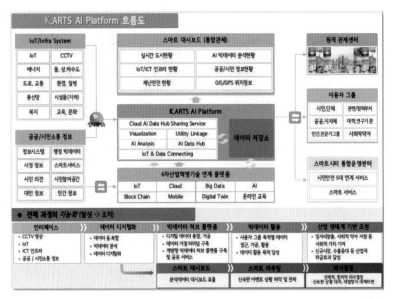

(출처: 아츠정보시스템)

그림 4-9 인공지능 도시 통합플랫폼 아키텍처

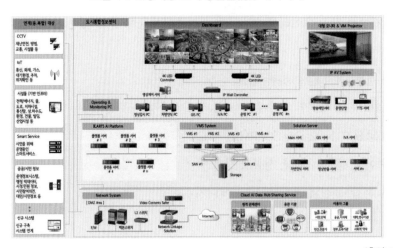

(출처: 아츠정보시스템)

인공지능 보안 통합관제

딥러닝 기술이 도시통합운영 관련 영상보안 분야에 적용되면서 지능형 영상 관제기술의 정확도

제고 및 사용의 다각화와 더불어 중요한 요소가 영상데이터 보안이다. 이러한 보안위협 대응 방안으로 SOAR(Security Orchestration, Automation and Response)가 있다. SOAR란 보안 운영 시 유입되는 다양한 보안위협에 대해 대응 레벨을 자동으로 분류하고, 표준화된 업무 프로세스에 따라 사람과 기계가 유기적으로 협력할 수 있도록 지원하는 플랫폼이다.

SOAR는 보안 사고 대응 플랫폼(Security Incident Response Platforms, SIRP), 위협 인텔리전스 플랫폼(Threat Intelligence Platforms, TIP), 보안 오케스트레이션 및 자동화(Security Orchestration and Automation, SOA)로 구성된다.

SIRP은 대응 프로세스로 보안 사고에 대해 어떻게 계획하고 관리하고, 추적하고, 조화롭게 조정해 대응할 수 있는 기술을 이용해 보안이벤트 발생 시 그에 수반되는 작업을 관리한다. TIP은 취약점에 대한 조치 및 작업, 리포팅, 협업 도구를 형상화 하는 기술로 보안 이벤트 데이터를 수집·분석하고, 이를 대응 솔루션과 연계하는 플랫폼이다.

SOAR 영역은 작업, 프로세스, 정책 실행 및 리포팅을 자동화 및 오케스트레이션 할 수 있는 기술을 활용해 보안 대응팀이나 보안관제센터의 단순·반복 작업을 정리하고, 자동화 도구로 대응 효율성을 높인다.

표 4-10 SOAR의 주요 기술

구분	내용
보안 사고 대응 플랫폼 (SIRP)	(정의) 보안 사고에 대해 어떻게 계획 및 관리하고, 추적하고, 조화롭게 조정해 대응할 수 있는 기술 (특징) 서로 다른 보안 도구와 써드파티 위협피드 및 IT 데이터 통합이 가능함, 보안 이벤트 가시성을 높여 위협 대응 중요도를 구분해 대응
위협 인텔리전스 플랫폼 (TIP)	(정의) 취약점에 대한 조치 및 작업, 리포팅, 협업도구 형상화 기술 (특징) 최선의 사례를 기반으로 보안 사고를 리뷰 하고 평가하며 격리 치료 조치 가능, 과다한 작업과 부족한 자원의 작업 환경에서 빠르게 위협 대응 및 문제 해결 가능
보안운영 자동화 및 오케스트레이션 (SOA)	(정의) 작업, 프로세스, 정책 실행 및 리포팅 자동화 및 오케스트레이션 기술 (특징) 트랜잭션이 자주 발생되는 행위를 자동화해 CSCC엔지니어가 위협 헌팅 등 높은 수준의 위협분석 집중 가능

• Cybersecurity AI Framework

Morpheus는 방대한 양의 사이버 보안 데이터에 대해 실시간 추론을 수행할 수 있는 프레임워크를 제공한다.

그림 4-10 Cybersecurity AI Framework

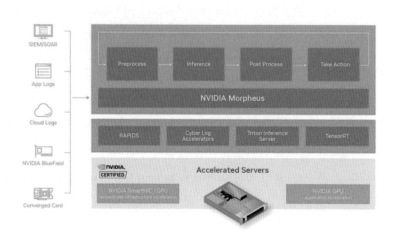

(출처: Cybersecurity)

• 양자암호 통합기술 세계 최초 개발한 SKT

양자보안('Quantum-Safe Security')은 양자의 특성 중 불확정성과 복제가 불가능한 원리를 이용한 기술이다. 이러한 양자의 원리를 이용하여 감시와 도청이 불가능하도록 두 지점 간의 키를 분배하는 양자키 분배 기술을 사용한다. SKT는 양자암호 기술 인터페이스 표준화를 ETSI(유럽전기통신표준화기구)에 제안했다. 주요내용은 키 분배망과 키 관리 시스템을 통합해 다른 이기종 장비까지 제어할 수 있는 인터페이스 정보를 표준화 등이다. 또한, 국제전기통신연합 전기통신 표준화 부문(ITU-T) 정보보호연구반(SG17)에서 '양자보안통신' 기술 표준 과제 개발을 주도하고 있다.

양자보안 기술은 데이터센터에서 스마트폰까지 통신이 이뤄지는 경우 유선망을 사용하는 '데이터센터~인터넷망' 구간과 '교환국~기지국' 구간에는 양자암호를 적용하고, 무선망 기반의 '기지국~스마트폰' 구간에는 양자내성암호를 적용해 통신 전 구간을 안전하고 효율적으로 공격에서 보호할 수 있다.

3.

사례

인공지능 데이터센터는 엔비디아 GPU 같은 AI칩을 활용하는 서버들을 중심으로 AI 애플리케이션들이 대규모 데이터를 탐색하는 것이 가능하도록 병렬 컴퓨팅을 지원한다. 따라서 일반 데이터센터와 달리 인공지능 데이터센터 소비하는 전력량은 서버 랙(Rack)당 50킬로와트 이상으로 기존 데이터센터들 랙당 전력 소비는 약 7킬로와트 수준보다 매우 높다. 그런 만큼 AI 데이터센터는 많은 전기를 공급할 수 있는 인프라와 과열 상황에서 장비를 보호하기 위한 새로운 냉각 방식도 필요로 한다.

따라서 친환경, 신재생 및 에너지효율 기법과 통합설계에 의해 구현된 세계 최고 수준의 데이터센터 건축이 필요하다.

표 4-11 페이스북 포레스트시티 데이터센터

구분	내용
건축	Facebook Forest City Data Center, 2012, 지상 2층
용도	데이터센터 전용
위치	Forest City, North Carolina(408 Social Circle)
규모	면적(연면적: 55,800, 약 17000평)
PUE	1.07(세계 최고 수준)

주요 특징	IT 서버룸 형태/구조 • Cold/Hot Aisle 구분, Hot Aisle Containment • Re-circulation 및 By-pass 방지 서버냉각시스템 • 연중 외기를 서버룸으로 공급하여 IT서버의 발열 제거를 하는 제어시스템 구축 (건물 일체화)

그림 4-11 페이스북 포레스트시티 데이터센터 구상도

(출처: 페이스북)

인천경제자유구역청(IFEZ) 도시통합운영센터

도시통합운영센터는 교통, 방범, 방재, 환경, 도시민정보제공 등 IFEZ Smart City 내 모든 서비스와 인프라의 핵심 기반 시설로 송도국제도시, 영종지구, 청라국제도시가 24시간 안전하고 편리한 도시가 될 수 있도록 관리 기능을 수행한다.

IFEZ는 '인공지능(AI) 딥러닝(Deep Learning)' 기술을 활용한 시스템 고도화를 추진하고 있다. 기존 스마트 교통정보 시스템으로 수집된 차량 이미지를 인공지능이 이를 반복·기계적으로 인식토록 하는 기술(이미지 학습)을 통해 차종과 관광객 규모 등을 예측해 도로와 주차장, 상하수도 등의 기반시설 확충에 활용하는 것이다.

IFEZ는 객체인식 영상관제, 인공지능(AI) 기반 실시간 도로 위험 관제, 스마트 폴(전기충전) 및 스마트쉼터, 그린에너지 충전, 다목적 자율주행 로봇, 스마트 교차로, 긴급차량 우선 신호, 대형 차량 통행관리, 교통 신호 정보 개방, 버스 우선 신호, 사물인터넷(IoT) 플랫폼 고도화 및 통합 관리를 통하여 인공지능 교통 인프라 구축을 위한 기반을 마련하였다.

인공지능 도시

그림 4-12 IFEZ 도시통합운영센터

(출처: IFEZ)

부천시 AI 클라우드 도시통합운영센터

부천시는 교통부문에 AI 기술을 접목하여 실시간 영상 및 교통정보 수집 등을 통해 데이터와 AI 기술을 융합으로 5분에서 1시간까지 도시전역 네트워크를 예측하고 대응할 수 있는 체계를 마련하였다. 또한, 시민의 안전을 위하여 인공지능(AI) 기반 지능형 폐쇄회로(CCTV) 시스템을 확대하고 있다.

또한, 신규 건축된 AI 데이터센터를 통하여 도시 레벨에서의 다양한 데이터를 제약 없이 수용하고 데이터센터 표준 모델을 마련하기 위해 아토리서치㈜는 AI를 위한 GPU, 클라우드, 스토리지, SDN 컨트롤러 등은 유연한 확장 및 안정적인 서비스를 제공을 위한 ISP 수립했다. 부천시는 AI 데이터센터를 통하여 도시 레벨에서의 다양한 데이터를 제약 없이 수용하고 데이터센터 표준 모델을 마련할 수 있는 협력체계를 구축하여, 안정적으로 AI 및 데이터 기반의 도시로 성장할 수 있는 기반을 마련하였다.

그림 4-13 부천시 AI 클라우드 데이터센터

(출처: 부천시)

참고문헌

[1] 김진백, 대규모 데이터센터의 경제성 분석을 위한 총소유비용 모델에 관한 연구, Entrue Journal of Information Technology, Vol. 14 No. 3, 2015

[2] 김경훈, 도시인공지능을 위한 AI 기반 데이터허브 발전 방안 연구, 입법과 정책, 제14권 2호, 2022

[3] 강현선, 효율적이고 안전한 데이터센터의 물리적 보안 방안, 보안공학연구논문지, Vol. 12 No. 6, 2015

[4] 배수현, AI(인공지능) 중심도시 부산 AI생태계 조성에서 시작, 부산연구원, BDI 정책포커스, 제379호, pp. 1-16, 2020

[5] 배제권, 인공지능과 빅데이터 분석 기반 통합보안관제시스템 구축방안에 관한 연구, 로고스경영연구, Vol. 18 No. 1, pp. 151-166, 2020

[6] 조진균, 데이터센터 공조·냉각시스템 방식구분 및 적합성 성능시험 방법/기준에 대한 연구, 대한설비공학논문, Vol. 32 No. 5, pp. 235-248, 2022

[7] 백영록, 최민섭, 4차 산업혁명 시대의 도시경쟁력지표에 관한 연구, 한국도시부동산학회 2020추계학술대회논문집, pp. 1-12, 2020

[8] 조혜린, 국내 데이터센터 폐열잠재량 산정에 관한 연구, 설비공학논문집 제34권 제7호, pp. 345-351, 2022

[9] 최영진, Cloud data center Facilities Management System for PUE and Availability, 정보기술아키텍처연구, Vol. 15 No. 4, pp. 405-411, 2018; 데이터센터 에너지효율화 동향 및 사례, 한국에너지공단

[10] 한세억, AI기반 도시정부의 경쟁력 제고방안: AI와 도시의 앙상블, 한국지방정부학회 학술대회자료집, Vol. 2021 No. 8, pp. 1123-1147, 2021

[11] https://news.sktelecom.com/tag/양자암호통신

[12] https://www.digitalrealty.kr/industries/artificial-intelligence

[13] https://www.cudo.co.kr/

[14] http://www.icomer.com/

[15] https://mondrian.ai/